湖北省学术著作出版专项资金资助项目

新材料科学与技术丛书

竹炭及竹醋液用作猪粪堆肥化添加材料研究

黄向东　著

武汉理工大学出版社

·武　汉·

内 容 简 介

本书基于对新型环保机能材料竹炭、竹醋液特性及其在环境领域应用现状的分析总结,结合目前畜禽养殖业日益严重的环境污染问题,针对畜禽粪便堆肥化过程所存在的问题,通过猪粪堆肥化过程的研究,着重介绍了竹炭和竹醋液的合理添加对堆肥化过程的污染物控制效果,以及对堆肥产品品质的影响。

本书主要内容包括:在综述我国规模化生猪养殖业污染现状及治理技术的基础上,针对传统猪粪堆肥过程存在的升温启动慢、脱水效率低、氮素损失严重、重金属钝化效果差等问题,以规模化养猪场猪粪为堆肥原料,系统研究了竹炭和竹醋液添加对猪粪堆肥化过程快速升温、脱水、氮素损失控制、磷素活性调节和重金属钝化效果的影响,并通过温室盆栽试验研究了添加竹炭及竹醋液对堆肥产品品质的影响。

本书所探讨的新型环境机能材料竹炭、竹醋液对堆肥化过程污染物控制效果,以及对堆肥产品品质影响的相关研究成果可供从事堆肥过程升温、脱水、氮素损失控制、磷素活化、重金属钝化,以及堆肥产品资源化利用等内容和竹炭、竹醋液材料性能开发相关研究科研人员、生产企业提供新的技术途径参考。

图书在版编目(CIP)数据

竹炭及竹醋液用作猪粪堆肥化添加材料研究/黄向东著. —武汉:武汉理工大学出版社,2017.9

(新材料科学与技术丛书)

ISBN 978-7-5629-5528-3

Ⅰ.① 竹…　Ⅱ.① 黄…　Ⅲ.① 畜粪-堆肥-研究　Ⅳ.① S141.1

中国版本图书馆 CIP 数据核字(2017)第 211143 号

项目负责人:李兰英		**责任编辑**:徐　环	
责 任 校 对:刘　凯		**封面设计**:匠心文化	
出 版 发 行:武汉理工大学出版社		**邮　编**:430070	
网　址:http://www.wutp.com.cn		**经　销**:各地新华书店	
印　刷:荆州市鸿盛印务有限公司		**开　本**:710mm×1000mm　1/16	
印　张:9		**字　数**:125 千字	
版　次:2017 年 9 月第 1 版		**印　次**:2017 年 9 月第 1 次印刷	
定　价:50.00 元			

前　　言

　　堆肥化处理是实现畜禽粪便无害化处理与农业资源化利用的一项有效措施,但传统堆肥过程中往往存在升温启动慢、脱水效果差、氮素损失严重、重金属钝化效果差等问题,从而影响了畜禽粪便处理效果并限制了后续堆肥产品的农业资源化利用。堆肥化添加材料的合理使用是解决以上问题的有效措施,但常见的添加材料因为具有一定环境风险,或成本较高,或实际应用操作难度大而受到一定限制。竹炭是竹材热解的主要产品,具有丰富的孔隙分布特征和高比表面积,是一种新型机能材料和环境保护材料,具有极佳的吸水、保温性能,且能够持留养分。竹醋液是竹材热解的副产品,低浓度时具有促进微生物增殖的效果。

　　因此,以竹炭及竹醋液为堆肥化添加材料能有效解决以上问题,将有利于减少堆肥过程中的二次污染、提高堆肥品质,以及降低堆肥资源化利用过程的污染风险,最终促进规模化生猪养殖业的健康可持续发展。

　　本书的研究内容是作者近年来从事畜禽粪便堆肥化处理与资源化利用的研究及体会,并汲取了同行的最新研究成果。本书可供从事固体废物堆肥化处理及资源化利用的技术、科研人员及高校学生参考。因个人水平及能力所限,不足之处望读者不吝赐教。在该书的研究、成稿期间,得到了浙江大学陈英旭和吴伟祥教授的悉心指导,以及黄昌勇、姚槐应和张炳欣教授的大力支持,作者在此表示深深的谢意。

洛阳理工学院　黄向东

2017 年 4 月

目　　录

1 畜禽养殖污染及竹炭、竹醋液在环境领域的应用研究进展

随着我国畜禽养殖业的快速发展,畜禽粪便产生量与日俱增,已成为农业面源污染最主要的来源之一。畜禽粪便污染是制约畜禽养殖业快速健康发展的重要因素,成为当前亟须解决的重大环境问题之一。

畜禽粪便的无害化处理是养殖场污染防治的重要内容,但畜禽粪便含有大量有机质及氮、磷、钾等植物必需营养元素,也是宝贵的肥料资源,如能合理利用,不仅能防治污染,而且能为现代有机农业生产提供大量优质的有机肥料,节约化学肥料投入成本,改变长期单一施用化肥所造成的土壤板结及肥力下降现状,优化土壤环境生态系统。因此,从资源、经济和环境三方面综合考虑,并结合我国实际情况,畜禽粪便处置的理想出路应该是无害化处理后农业资源化利用。

堆肥化处理是实现畜禽粪便无害化处理与农业资源化利用的一项有效措施,但传统堆肥过程中往往存在升温启动慢、脱水效果差、氮素损失严重、重金属钝化效果差等问题,从而影响了畜禽粪便处理处置效果,并限制了后续堆肥产品的农业资源化利用。堆肥添加材料的合理使用是强化堆肥效果、减少氮素损失和增强重金属钝化效果的有效措施,但常见的堆肥保氮材料及重金属钝化材料常常因为具有一定环境风险,或是成本较高,或是实际应用操作难度大而受到一定限制[1-3]。竹炭和竹醋液是新型机能材料和环境保护材料,能够吸附去除氮素、重金属等污染物,改良土壤及增强或抑制微生物活性、促进植物生长等。因此,研究开发竹炭及竹醋液作为新型堆肥添加材料以有效解决以上问题,并在猪粪堆肥农业资源化利用过程中,

研究堆肥添加材料对植物生长基质性质和植物生长的影响，从而提出合理的堆肥农业资源化利用措施，将不仅有利于减少堆肥过程中的二次污染、提高堆肥品质，以及降低猪粪堆肥农业资源化利用过程中对生态环境的污染风险，更重要的是可将猪粪堆肥纳入良性生态循环，合理解决猪粪污染问题，促进规模化生猪养殖业的健康可持续发展。

1.1　我国生猪养殖业猪粪产生量及污染现状

近年来，我国畜禽养殖业迅速发展并呈现出两个重要特点：一是向规模化、集约化和工厂化方向发展[4]；二是饲料添加剂的广泛使用[5]，随之而来的畜禽粪便污染问题也日趋严重。由于受资金和技术等因素的限制及种植业和养殖业脱节等问题的影响，我国养猪场产生的猪粪大多未经处理就直接排放或就近堆存，给周围环境造成了严重污染。诸多研究表明，近年来生猪养殖业已成为我国面源污染的主要来源[6,7]，如在香港，早在 20 世纪 90 年代每年就产生约 22000 t 猪粪，新界地区径流污染中 70% 是由猪场排出的废物所引起[8]。

1.2　猪粪的主要污染物成分及其污染

猪粪中所含的污染物主要包括悬浮物、有机质、盐、沉积物、病原微生物、寄生虫卵、Cu、Zn、N、P 等，这些物质在猪粪的收集、贮存、运输、土地资源化利用等处理与处置过程中都有可能导致严重的有机污染和生物污染，造成环境公害，甚至危害人畜健康，进入水体则易造成水体面源污染。根据猪粪中污染物质的特点，猪粪所带来的污染主要可以分为氮磷污染、盐分污染、重金属污染、生物病原污染、抗生素污染及恶臭物质污染 6 个方面。

1.2.1 氮磷污染

Van der Peet-Schwering 等[9]以实际养猪生产中的平均生产水平和平均饲粮 N、P 含量为基础,计算了不同类型生猪对 N、P 的摄入、持留及损失情况(表 1-1)。表 1-1 的数据表明,母猪、断奶仔猪、生长肥育猪 N 损失量占总摄入量的比例分别为 76%、46% 和 67%,P 损失量占总摄入量的比例分别为 75%、38% 和 63%,其中 N 主要通过尿液排泄损失,而 P 则主要通过粪便排泄损失。由表 1-1 数据可知,生猪饲养过程中,猪经由食物摄取的 N、P 营养物质除少部分用于生长发育外,大多通过粪便或尿液排出,因此畜禽粪便处置不当极有可能造成氮磷污染[10]。

表 1-1　不同类型生猪对 N、P 的摄入、持留及排泄情况(kg/头)

元素	生猪类型	摄入量	持留量	排泄量		
				粪便	尿液	粪尿合计占摄入量比例(%)
N	母猪	25.19	6.04	5.03	14.11	76
	断奶仔猪	0.82	0.44	0.12	0.26	46
	生长肥育猪	6.40	2.14	1.09	3.17	67
P	母猪	5.38	1.35	2.58	1.46	75
	断奶仔猪	0.16	0.10	0.05	0.01	38
	生长肥育猪	1.16	0.43	0.65	0.08	63

注:母猪每年生育 21.6 头仔猪;断奶仔猪体重 7.5~26 kg;生长肥育猪体重 26~113 kg。

猪粪中的 N、P 是植物生长必需元素,然而土壤过量施用猪粪却会带来局部地区 N、P 的过量。如王方浩等[11]研究发现,2003 年河北、河南及山东 3 省的耕地畜禽粪便氮养分负荷超过 150 kg·hm^{-2},部分地区造成了环境污染,而北京市的耕地畜禽粪便氮养分负荷高达 230 kg·hm^{-2},更是对土壤环境造成了严重威胁。氮、磷进入土壤后,分别转化为硝酸盐和磷酸盐,土壤蓄积大量氮素不仅造成土壤污染,而且在降水或灌溉条件下通过土壤冲刷和毛细管作用,以硝酸盐形态存在的氮素会进入地下水造成污染[10,12]。在作为饮用水源的地下水体中,硝酸盐若转化为具有致癌性的亚硝酸盐则严重威胁人体健康,而这种地下水污染通常需要 300 年才能自然恢复[13]。大量的氮、磷等营养物质会造成水体富营养化,并导致鱼类不能利用的藻类和其他水生植物大量繁殖,这些生物死亡后产生的毒素不仅使水体丧失饮用功能,而且急剧减少水体溶解氧浓度,导致水生动物缺氧死亡及水质进一步恶化[14]。随意堆存的猪粪更易在降水作用下通过下渗及径流影响地下水和地表水水质。猪粪中氮素还会以氨的形式挥发到大气中成为酸雨形成的因素之一,以 NO_x 的形式挥发还将导致温室效应加剧[15]。

1.2.2　盐分污染

猪粪中含有大量 K^+、Na^+、Ca^{2+}、Mg^{2+}、Cl^- 和 SO_4^{2-} 等盐基离子,这些盐基离子虽然不是有毒、有害物质,但若长期在土壤中积累会对其生态健康功能产生危害[16,17]。如果盐分含量较高的猪粪被大量施入农业土壤,尤其温室大棚土壤,则可能导致土壤次生盐渍化[18],存在因盐分在土壤表面聚集而影响作物出苗及生长的风险。大量猪粪施入土壤导致有机质积累,阴离子交换量增加,进而使无机盐累积,不易迁移的磷酸盐在土壤下层的富集还将引起土壤板结[19]。因此,猪粪农用需要考虑其盐分含量问题。

1.2.3　重金属污染

世界各国较为普遍地在生猪配合饲料中添加 Cu、Zn 等重金属元素,用以减少集约化生猪养殖过程中生猪疾病的产生及促进生长发育、缩短饲养周期[20,21]。适量的重金属元素在生猪生产中能产生较好的经济效益,但其排放也给生态环境造成了新的压力[22,23]。畜禽对配合饲料中添加的 Cu、Zn 等重金属元素利用率较低,多随粪便排出,如生猪饲料中 $72\%\sim80\%$ 的 Cu 随粪便排出,导致猪粪中 Cu

浓度比正常土壤高出了 $10\sim40$ 倍[24,25]。刘荣乐等[26]研究了我国的畜禽粪便性质后发现,猪粪中的 Cu、Zn 浓度分别高达 1726 mg·kg^{-1} 和 2286 mg·kg^{-1},鸡粪中的 Cu、Zn 浓度分别高达 736 mg·kg^{-1} 和 1017 mg·kg^{-1},若按照德国腐熟堆肥中重金属限量标准(Cu 100 mg·kg^{-1}、Zn 400 mg·kg^{-1})[27],我国猪粪、鸡粪堆肥样品中 Cu 的超标率分别为 69% 和 23%,Zn 的超标率分别为 59% 和 32%。

1.2.4 生物病原污染

畜禽粪便中含有大量的病原菌和寄生虫卵,如猪粪中含有大肠埃希氏菌、空肠弯曲杆菌、单核细胞增生李斯特氏菌[28]。张树清等[25]研究发现,猪粪中总大肠杆菌的数量约为 3.5×10^2 cfu·g^{-1},蛔虫卵为 $0.2\sim14.8$ cfu·g^{-1}。多数病原菌及寄生虫卵不易失活,如自然堆肥条件下污泥内粪大肠杆菌群在 $2\sim3$ 个月后才可以达到排放标准,沙门氏菌则需 $4\sim5$ 个月,蛔虫卵经 10 个月贮存后死亡率方可达 90%[29]。由此可见,猪粪也需经过无害化处理以有效降低有害生物的数量,避免造成环境污染。

畜禽粪便若处理不当则会滋生大量蚊蝇,使环境中的病原种类增多、菌量增大,甚至造成人畜传染病的传播[30,31]。

1.2.5 抗生素污染

在规模化畜禽养殖业中,饲料添加剂(维生素、激素等)和兽药(抗生素类)在促进畜禽生长、提高饲料报酬和疾病防治等方面发挥着重要作用。最常用的兽药包括抗生素类、生长促进剂类、灭锥虫药类、抗原虫药类、驱肠虫药类、β-肾上腺素类和镇静剂类 7 类[25]。目前,我国已有 17 种抗生素、抗氧化剂和激素类药物及 11 种抗菌剂作为兽药用于饲喂畜禽[32]。

目前养殖户对饲料添加剂及兽药的应用比较混乱,如若滥用不仅危害动物健康,而且危害动物性食品的食用安全,导致动物性食品兽药残留事件频发,如2001年广州发生的猪肉"瘦肉精"事件[33]。此外,许多抗生素类药物会随畜禽尿液排出,混合在粪便当中。如张树清[25]对北京、浙江萧山、江苏南京、山东济南、吉林四平、陕西杨凌、宁夏吴忠等7个省、市、自治区的32个猪粪样品的测定结果表明,猪粪中土霉素、四环素和金霉素的均值分别为9.1 mg·kg^{-1}、5.2 mg·kg^{-1}和3.6 mg·kg^{-1},而且北京、浙江等经济发达地区的用药量明显高于陕西、宁夏等经济落后地区,前者猪粪样品中的四环素含量明显高于后者样品中的含量。畜禽排泄物是四环素进入环境的主要途径,而且四环素类抗生素在环境中的半衰期很长[34]。抗生素一旦进入环境还能够影响环境微生物种群变化,致使耐药菌在环境中被诱发和散播,对环境和人体健康产生危害[35,36]。

1.2.6　恶臭污染

畜禽养殖场恶臭物质会导致畜禽对疫病的易感性提高,引起呼吸道疾病及其他疾病,并最终影响畜禽生长,导致畜禽生产能力下降。同时,恶臭的传播可使较大范围内空气质量恶化,长期生活在养猪场周边的人们更易患气管炎、支气管炎、肺炎等呼吸系统疾病[31,37]。

畜禽养殖场的恶臭污染来源于多方面,如动物呼吸、动物体液分泌物、饲料残余、病死畜禽、养殖场所通风、动物粪尿和污水等,但主要来源于畜禽粪便排出体外后的腐败分解[30,38]。畜禽粪便恶臭主要来自饲料中蛋白质的代谢终产物,或粪便中代谢产物和残留养分经细菌分解产生的恶臭物质,包括氨、硫化氢、吲哚、硫醇等,在恶臭物质中对人畜健康影响最大的主要为NH_3和H_2S[10],而且产生量较大,如一个年出栏5000头的猪场每天NH_3产生量就达0.8 kg以上[39]。NH_3、H_2S均易挥发,浓度低时可刺激眼、鼻腔和呼吸道黏膜,浓度高时可造成组织细胞缺氧[40]。若仔猪生活环境中空气里氨体积分数达到$5×10^{-5}$会使其增重率下降12%,氨体积分数升至

10^{-4}或 5×10^{-4}则增重率会下降 30%；鸡舍空气中氨体积分数达到 2×10^{-5}则可使鸡患上角膜炎，达到 5×10^{-5}时鸡呼吸频率下降，产蛋量显著减少[41]。此外，NH_3 挥发到大气中即增加了大气中的氮含量，严重时可形成酸雨，进而对农作物及建筑物造成危害[15,42,43]。

1.3　猪粪处理技术

猪粪水分及污染物含量高，一旦排泄极易腐败变质，对于环境而言无疑是一种污染物，然而猪粪富含 N、P 等矿质元素及有机质，对植物而言却是优质的肥料资源。因此，减量化、无害化处理和资源化综合利用是猪粪处理的基本方向。目前，集约化养猪场猪粪的处理主要包括好氧堆肥、厌氧发酵、蚯蚓堆肥及饲料化处理。

1.3.1　好氧堆肥

好氧堆肥是在人为控制堆肥因素的条件下，根据各种堆肥原料的营养成分和堆肥过程中微生物对混合堆料中水分含量、碳氮比（C/N）、碳磷比（C/P）、pH 值和颗粒大小等要求，将各种堆肥材料按一定比例混合堆积，在有氧条件下利用好氧微生物的作用达到无害化（有害性生物失活）、稳定化（有机物分解、腐殖质形成），转变为有利于土壤性状改变并对作物生长有益和容易吸收利用的有机肥的方法[44,45]。好氧堆肥过程主要受含水率、C/N 等堆肥物料初始特性及温度、pH 值、通气量等环境参数的影响。

（1）含水率：堆肥物料含水率与堆肥温度密切相关。过多的水分会充满颗粒间的空隙使堆肥体系通气不佳，堆体温度难以上升，分解速度下降，导致厌氧发酵形成恶臭的中间产物。而太低的含水率会造成堆肥微生物活动减弱，致使有机物难以被分解，堆体温度不易上升[46]。一般认为含水率控制在 60%～65% 较好，如庞金华等[47]

研究认为,猪粪堆肥时66％的含水率可使堆肥温度相对快速上升,在3 d内便出现持续高温。

(2) C/N:好氧堆肥过程中,碳既是微生物生长的能量来源之一,又是微生物体的主要组成元素。氮是组成核酸和蛋白质的重要元素,所以,氮对微生物的生长发育有着重要的作用。堆肥物料C/N过高将导致微生物缺乏足够的氮而无法快速生长,使堆肥进展缓慢。但吴银宝等[48]认为,高C/N不仅不影响猪粪堆肥进程,而且有利于堆肥的升温及钾、腐殖质含量的增加,但会使堆肥体积增大、成本增加。造成以上研究结论不同的原因可能是碳源物质的生物有效性不同。另一方面,C/N过低将使微生物生长过于旺盛,消耗大量氧气以致堆体局部出现厌氧发酵、散发恶臭气体,同时大量的氮以氨气形式释放导致堆肥质量降低和空气污染。所以通常认为,C/N控制在适合微生物生长的25～30较好。一般各种畜禽粪便的C/N为:鸡粪3～10、猪粪11～15、牛粪11～30。因此,畜禽粪便好氧堆肥常添加木屑、锯末、树皮、稻草、稻壳、米糠等C/N较高的碳源物质将C/N调节到25～30,以加快堆肥进程和减少氮素损失。

(3) 温度:堆肥过程温度多控制在65 ℃左右,过高的温度会抑制堆体中多种微生物的生长,影响堆肥反应速度,过低的温度则不利于无害化处理和物质降解。温度的控制可以通过调节通气量、加水及翻堆的方法进行。

(4) pH值:pH值是堆肥过程中的重要环境参数之一,堆肥中微生物的生存环境以中性为宜,pH值一般在6～8,过高或过低都将影响微生物活性甚至导致微生物的死亡[49]。微生物(尤其是细菌和放线菌)生长最适宜的pH值为6.5～7.5,但它们可以在pH值为6～8范围内繁殖,因而一般不需要调整堆肥物料的pH值,微生物通常会自动调节以适应堆肥过程中pH值的动态变化[50,51]。通常只有当pH值过高(pH＞9)或过低(pH＜4)而减缓微生物降解速度时才需调整堆肥的pH值。除影响微生物活性以外,过高的pH值还会导致堆肥中的氮以氨气的形式挥发造成大量损失。

（5）通风：通风是好氧堆肥的必需条件。在堆肥过程中，通风具有三重作用：一是为微生物的活动提供足够的氧气及带走微生物呼吸释放的二氧化碳；二是带走水蒸气，去除堆肥物料过多的水分；三是调节堆肥过程的温度和稀释臭味[44]。堆肥的通风方式可分为翻堆、自然通风、被动通风和强制通风等。翻堆、自然通风和被动通风方式常应用于条垛式好氧堆肥系统，强制通风方式常用于强制通风静态垛和大多数反应器堆肥系统[52]。不同的通风方式和通风量可直接影响高温好氧堆肥的微生物生长活动，并最终影响堆体温度的升高、病原菌的杀灭效果及有机质的分解[53]。例如，通风量不足则不能满足好氧堆肥反应要求，局部出现厌氧发酵抑制好氧反应的进行并产生恶臭气体；通风量过大则堆体产生的热量散失快，影响堆体升温[54]。杨国义等[55]研究认为，强制通风与机械翻堆相结合是猪粪稻草混合堆肥的最佳通风方式，可以加快堆肥温度升高及堆肥腐熟，而单一机械翻堆次之，单一强制通风效果最差。廖新俤等[56]研究表明，虽然机械通风与人工翻堆在促进猪粪稻草混合堆肥物料的腐熟进程上没有显著差别，但单纯的机械通风其最后物料的均匀度不如人工翻堆。在堆肥生产实践中，通风方式的选择还要考虑堆肥者的经济条件、设备条件、设备操作维护水平和堆肥场地与堆肥生产规模等因素。

1.3.2 厌氧发酵

厌氧发酵即厌氧生物处理，也是一种利用微生物自身的新陈代谢作用而实现有机固体废弃物处理的方法。与好氧生物处理法相比，厌氧发酵法具有耗能低、占地面积小、处理效率高等优点，而且厌氧发酵产生的沼气是高热值的能源[57]。厌氧发酵过程主要受温度、酸度、厌氧条件、C/N、微生物营养、有机负荷率、含水率、搅拌装置、破碎程度及其他毒性物质（重金属、氨氮及各种杀菌剂等）等的影响[58]。

目前，厌氧发酵主要用来处理水冲方式收集的猪粪尿，猪粪经厌氧发酵处理转化成沼气,同时明显减少粪水固体含量和五日生化需氧量(BOD_5),减少恶臭物质的产生。发酵过程中厌氧细菌合成自身物质满足其生长所需消耗的氮、磷较少,因此沼液中仍含有大量的氮、磷及钾、钠、钙等成分,而且这些成分中速效成分的比例较高,所以,沼液是一种优质、全效的有机肥料,沼渣中除了沼液中所含的营养物质外,还有腐殖酸等有用物质,因此可利用沼液、沼渣做肥料或养鱼饲料[59-62]。目前,我国在猪粪厌氧生物处理技术方面主要倾向于选择操作简便、投资低廉的高效技术。针对猪粪污染物特点及收集方式的不同,厌氧发酵在以下方面有待深入开展研究,如提高厌氧发酵处理猪粪过程中反应体系含固率、降低厌氧出水污染物含量及优化厌氧反应器设计等。

1.3.3 蚯蚓堆肥

蚯蚓是一种腐食性动物,具有促进有机物分解转化的功能。蚯蚓在其新陈代谢过程中能吞食大量有机物质并将其与土壤混合,通过砂囊的机械摩擦作用和肠道内的生物化学作用促进有机物质分解转化[63]。蚯蚓消化道可分泌丰富的对绝大多数有机废弃物有很强分解能力的酶,如淀粉酶、纤维分解酶、脂肪分解酶、甲壳酶、蛋白质酶等[64]。欧美等国家已进行了多年的蚯蚓处理各种畜禽粪便的研究[65],该技术不仅能减少日益增多的畜禽粪便对环境的污染,节省环境保护费用,而且蚯蚓粪可用来生产优质蛋白质饲料作为畜禽养殖业的饲料添加剂,用以治疗多种畜禽疾病和提高畜禽免疫力,进而提高畜禽的生产性能和产品品质,增加农业收益[66,67]。此外,蚯蚓粪富含有机质,在农田施用可增强土壤微生物活性,增强土壤保水、保肥能力,提高植物抗病性。利用蚯蚓处理新鲜牛粪、猪粪和鸡粪可显著减少氨气挥发和氮素损失,减少蚊蝇滋生,改善畜牧生态环境[67]。

1.3.4　饲料化处理

畜禽粪便中含有大量未消化的蛋白质、维生素 B、矿物质、粗脂肪和一定数量的糖类物质,具有开发用作饲料的可行性。如鲜猪粪蛋白质质量分数为 3.5%~4%,牛粪为 1.7%~2.3%,羊粪为 4%~4.7%,鸡粪为 11.2%~15%,干鸡粪还含有 17 种氨基酸,其质量分数达到 8.3%[68]。常见的畜禽粪便饲料化处理方法包括干燥法、厌氧发酵法、加尿素氨化、青贮法、微波处理法和热喷法等[69]。畜禽粪便虽然可以作为饲料,但需彻底灭菌,确保无或低兽药残留,而且饲喂量不宜太高,应逐渐增加以免造成动物患上腹泻等疾病。

1.4　畜禽粪便堆肥存在的问题及其研究进展

1.4.1　畜禽粪便堆肥脱水

许多研究表明,堆肥结束后堆肥物料含水率往往高于 30%。例如,Singh[70]以蔬菜废弃物、锯末和牛粪为原料进行混合堆肥,初始含水率为 63.5%~76%,经过 20 d 堆肥化处理,各处理堆肥成品最终的含水率为 47.5%~72%;Roca-Pérez 等[71]在污泥稻草混合堆肥研究中,调节初始堆肥物料含水率为 60.3%,经过 90 d 堆肥化处理,各处理堆肥成品最终的含水率为 39.9%~42%。有机-无机复混肥国家标准中规定肥料成品水分含量小于或等于 10%(GB 18877—2009),农业部制定的有机肥行业标准规定成品有机肥水分含量小于或等于 30%(NY 525—2012),农业部制定的生物有机肥行业标准规定成品肥水分含量小于或等于 30%(NY 884—2012)。参照以上各标准可知,畜禽粪便堆肥成品无论直接农用或用作有机-无机复混肥或生物有机肥的生产原料都有必要降低含水率。因此,在畜禽粪便堆肥过程中降低畜禽粪便的含水率对于粪便的减容、贮藏、加工运输及使用十分重要。如何经济有效地降低畜禽粪便含水率是粪便堆肥处理过程中一个值得研究的内容。

1.4.1.1　影响畜禽粪便含水率的因素

影响畜禽粪便含水率的因素主要有以下方面：

（1）畜禽种类

众多研究者对不同畜禽粪便含水率的测定结果如表 1-2 所示：新鲜猪粪、牛粪和鸡粪的含水率分别为 68.3%～81.3%、71.4%～77.4% 和 38.5%～60.0%，均值分别为 75.7%、74.9% 和 49.5%。然而，费辉盈等[72]的研究结果则表明，猪粪、牛粪和鸡粪的平均含水率分别为 73.0%、85.0% 和 75.0%。

表 1-2　不同畜禽粪便含水率

畜禽粪便种类	含水率（%）	参考文献
猪粪	68.3	［73］
	72.8	［74］
	80.3	［55］
	81.3	［75］
牛粪	71.4	［76］
	75.7	［77］
	77.4	［78］
鸡粪	38.5	［79］
	48.8	［80］
	50.5	［81］
	60.0	［82］

不同研究者所测定的同种畜禽粪便尤其是鸡粪含水率差别较大，其主要原因可能是采集到自然排泄新鲜畜禽粪便难度较大，而且畜禽饲养所用饲料及清粪方式、粪便贮运方式不同也会导致含水率差异。但诸多的研究结果都表明了畜禽粪便含水率高的事实，费辉

盈等[72]分析认为,新鲜畜禽粪便中的纤维、胶体、胶体表面可变负电荷决定了其水分特征,纤维和胶体形成致密的网状结构,而网状结构中的水溶性蛋白、胶体物质有利于水分的蓄积,胶体表面可变负电荷使溶液稳定。牛粪中富含纤维和胶体,所以自然状态下的牛粪含水量高于鸡粪和猪粪的。

（2）饲料类型

饲料含水率的高低影响畜禽粪便含水率,一般饲喂含水率高的青贮饲料比含水率低的饲料（玉米、豆粕、麦麸等）所产生的粪便含水率更高。

（3）清粪方式

规模化养猪场清粪方式主要有干清粪、水泡粪清粪和水冲式清粪。采用水泡粪清粪和水冲式清粪产生的粪便含水率可高达98％以上,难以运输且易腐败。机械或人工干清粪方式收集的畜禽粪便含水率一般为72％～85％。

（4）养殖场设施状况

养殖场防雨及雨污分流设施建设情况与畜禽粪便含水率关系密切。建立必要的防雨设施和独立的雨污收集管网系统,设立雨水沟,减少粪便和雨水的混合,可减少畜禽粪便含水率。对畜禽粪便贮存和运输设施附以必要的防雨设施也可以减少粪便含水率。采用粪便固液分离设施的养殖场,其畜禽粪便含水率也可以大幅度降低。

1.4.1.2　畜禽粪便中水分形态

畜禽粪便中水分可以分为重力水、毛细管水、吸附水及结合水,其中重力水、毛细管水及吸附水占主要部分,结合水较少[72]。费辉盈等[72]对畜禽粪便水分特征曲线及不同形态水分的分析结果表明,畜禽粪便中重力水在自然状态下会缓慢渗出或蒸发,比较容易去除;结合水属于结合态,可通过加热去除;而较难除去的是占主要部分的吸附水和毛细管水。

1.4.1.3　畜禽粪便脱水方式

畜禽粪便干燥过程即其脱水过程。畜禽粪便干燥处理技术主要有日光自然干燥、高温快速干燥、烘干膨化干燥、机械脱水干燥及生物干燥等[6,83,84],其原理及特点如表1-3所示。

表1-3　畜禽粪便不同脱水干燥方式原理及特点

脱水干燥方法	原理	特点
日光自然脱水干燥	依靠太阳光的照射提供能量	成本低,操作简单,但处理规模小,仅适合中小规模养殖场,且占地大、易受天气影响、氨气挥发及恶臭气体产生严重
高温快速脱水干燥	依靠电或石油、煤燃烧等产生高温进行干燥	不受天气影响,处理规模大,干燥速度快,但干燥机械投资及能耗大,产品肥效差
烘干膨化脱水干燥	利用热效应和喷放机械作用	干燥脱水同时可除臭、杀菌,但烘干膨化机投资及能耗大,产品成本高且处理时会产生臭气
机械脱水干燥	利用压榨机械或离心机械进行畜禽粪便脱水	成本高,仅能脱水不能除臭,效益偏低
生物脱水干燥	利用堆肥化处理过程中微生物分解有机质产生的能量,增加粪便中水分的散发,干燥粪便	处理成本低且处理产物使用安全、肥效高

1.4.1.4　好氧堆肥过程中影响畜禽粪便生物干燥脱水效率的主要因素

粪便的生物干燥(Biodrying)一词最早是由美国康奈尔大学学者W. J. Jewell于1984年提出的,其原理就是利用堆肥过程中微生物分解有机物所产生热量,增加粪便中水分的散发,达到干燥粪便、降低粪便含水率的目的。生物干燥技术处理畜禽粪便因其成本低且处理产物使用安全、肥效高而引人注目。

影响好氧堆肥过程中畜禽粪便生物干燥脱水效率的主要因素有以下方面:

(1)堆肥温度

堆肥温度是控制堆肥物料脱水的重要因素,堆肥过程温度的升高和维持能够加快水分的蒸发,提高堆肥脱水效率。其他增强脱水效果的因素多是通过提高堆肥温度来实现的。

（2）堆肥初始含水率

好氧堆肥过程中,高水分含量减少了堆体内的孔隙和增大了气体的传质阻力,易于造成堆体局部厌氧,但低水分含量也会因营养物质的传质阻力增大而抑制微生物的活性[85]。适宜的含水率有助于营养物质的转化,以便被微生物更好地利用,从而有利于堆肥升温和脱水。

（3）堆肥通风量及方式

堆肥过程通风是高温堆肥成功的关键因素之一,在供氧、散热的同时,还起到去除水分的重要作用[84]。有研究表明,猪粪堆肥过程中,增加通气量可以提高堆体温度并加快脱水;翻堆与强制通风相比,强制通风可以更有效地输送堆肥过程所需氧气并提高脱水效率。

（4）堆肥调理剂

常志州等[84]研究表明,添加调理剂能够明显提高堆肥过程中的脱水速度与脱水量,这是由于添加调理剂减少了猪粪堆肥过程的水分含量并增加了气体交换,明显提高了堆肥过程温度。不同调理剂相比,稻草比木屑更易被微生物利用,虽然添加稻草处理堆肥温度高于添加木屑处理堆肥温度,但木屑更有利于重力脱水,因此,最终两者脱水效果基本相同。

1.4.1.5　好氧堆肥过程强化脱水措施

（1）调控堆肥工艺参数,提高堆肥温度

堆肥过程中通过提高堆肥温度可实现脱水效率的提高。黄红英等[77]研究表明,在高含水率的牛粪、鸡粪堆肥过程中,可以添加稻草等调理剂改善通气,同时结合采取前期低温覆盖、后期高温通风措施,达到加快物料腐熟及脱水的双重目的;采用分批堆制的半连续工艺也可适当降低堆肥物料初始水分含量,改善物料物理性状,从而加快提高粪便堆肥温度与脱水速率。在堆肥高温阶段,正压强制通风比自然通风更能加快水分的去除[86]。常志州等[84]研究表明,初始含水率60%及70%的猪粪堆肥处理其最终相对脱水率大于初始含水率80％的处理,这是由于堆肥过程中前两者处理堆体温度都显著高于后者。强制通风静态垛混合堆肥研究中,选择高温期进行翻堆可延长高温期持续时间,明显提高脱水效果和堆体减容率[87]。李玉红等[85]利用牛粪和玉米秸秆进行堆肥研究发现,翻堆有利于堆肥水分蒸发,其原因可能是翻堆更有利于堆肥物料与高温菌接触,使堆肥微生物活性增强,促进了微生物新陈代谢,从而导致堆肥温度升高,加速了水分蒸发。

（2）堆肥系统及工艺选择

分批堆制方式是一种简单易行的堆肥方式,因适当降低了堆肥物料初始水分含量,改善了物料物理性状,有利于提高粪便堆肥温度及脱水速率[77]。Choi等[88]在前人的研究基础上提出了半连续堆肥技术,制造并利用能完全混合的有氧生物反应器进行了半连续堆肥生物干燥技术研究,在为期6 d的研究中,隔天添加一次鸡粪,仅开始时加入少量的木屑后未再添加其他填充料,1 d即可使鸡粪含水量由70％下降到62％。

（3）添加堆肥调理剂

在高含水率畜禽粪便堆肥过程中,添加易被微生物利用或能够改善通气状况的调理剂可加速堆体升温及延长高温期持续时间,从而快速降低堆肥物料水分。

添加稻草等调理剂改善畜禽粪便堆肥过程的通气状况,并结合采取前期低温覆盖及后期高温通风措施,能够使物料快速脱水[77]。周文兵等[89]分别以木屑、泥炭及水葫芦为调理剂进行猪粪堆肥试验,结果发现,添加水葫芦处理堆肥反应速度最快、温度高且高温持续时间长、水分损失较快,添加泥炭处理次之,而添加木屑处理堆肥反应速度最慢,堆肥时间最长,脱水效果也最差,其结果的差异在于水葫芦中富含蛋白质、脂肪等容易被微生物利用的物质,木屑则主要含有纤维素、木质素等难降解物质,而泥炭中易降解有机物质含量介于前两者之间。

（4）添加堆肥微生物菌剂

薛智勇等[90]接种浓度为 3‰的微生物复合菌剂进行猪粪堆肥，发现微生物复合菌剂有利于猪粪堆肥反应升温且脱水效果较好。鸡粪堆肥试验通过接种微生物菌剂，可以使堆肥初期堆体温度提高 5～14 ℃，达到 55 ℃以上的高温提前 5～10 d，从而加快了堆肥物料水分挥发，提高了脱水率[91]。

1.4.2　畜禽粪便堆肥氮素损失

高温堆肥是实现畜禽粪便减量化、无害化和资源化利用的有效措施[73,92,93]，然而畜禽粪便高温堆肥过程中以 NH_3 挥发为主的氮素损失严重，这不仅减少了堆肥中的氮素含量，而且污染大气、危害人畜健康、腐蚀设备及带来酸雨危害和水体富营养化[42,43]。因此，畜禽粪便中的氮素虽然是植物必需营养元素，然而对于堆肥过程而言却是一种污染物。为实现畜禽粪便资源化利用，适应规模化处理的发展趋势和达到环保要求，畜禽粪便堆肥处理过程中氮素损失及其控制措施备受国内外研究者的关注。

1.4.2.1　畜禽粪便堆肥过程氮素转化及损失途径

畜禽粪便堆肥过程中与氮素转化和损失相关的作用主要包括氨化作用、硝化作用、反硝化作用和生物吸收固定作用[94]。畜禽粪便堆肥过程中主要的氮素转化与损失途径如图 1-1 所示。

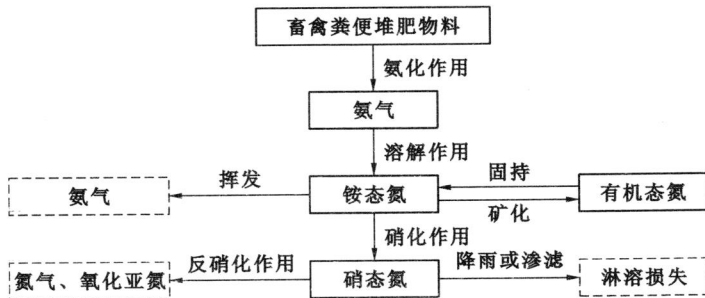

图 1-1　畜禽粪便堆肥过程中的氮素转化与损失途径

堆肥过程中微生物通过氨化作用分解有机氮化物产生氨气,氨气溶于堆体物料形成铵态氮。铵态氮受堆体温度、pH 值、通气条件和堆肥材料中氨化、硝化及反硝化微生物活性等因素的影响,既可作为细胞生长的氮源供微生物同化,又可被硝化微生物转变成硝态氮[95],进而发生反硝化脱氮损失[96],或以氨气挥发的形式造成氮素损失[97]。

堆肥过程既存在高温、高 pH 值带来的氨气挥发损失,又有厌氧条件下硝态氮的反硝化脱氮及渗滤液或雨水造成的氮素淋溶损失[98]。因此,畜禽粪便堆肥过程的氮素损失不可避免。其中,氨气挥发造成的氮素损失可达总量的 44%～99%(表 1-4),是畜禽粪便堆肥过程中氮素损失的主要途径。

表 1-4　畜禽粪便堆肥过程中的氨气挥发损失

堆肥物料	氨气挥发损失占总氮损失比例(%)	参考文献
家禽粪、猪粪	46.8～77.4	[99]
鸡粪	44	[100]
牛厩粪	92	[101]
家禽粪	47～62	[102]
奶牛粪	60～99	[103]
猪粪	80	[75]

1.4.2.2　影响畜禽粪便堆肥过程氮素损失的主要因素

(1)堆肥物料的初始特性

堆肥物料的 C/N、含水率及颗粒大小等初始特性影响堆肥过程C、N 代谢,进而影响堆肥进程及氮素形态变化[73],对堆肥氮素的保持具有重要影响。

微生物生长需要合适的 C/N 以合成新的有机物。堆肥物料中C/N 过高则微生物生长过程氮素不足,会导致"氮饥饿",微生物不能正常繁殖,影响堆肥过程的快速进行;C/N 过低则碳素不足,而过量的氮素不能用于微生物细胞合成,特别是 pH 值和温度高时容易转变成氨气挥发,引起氮素损失。

物料适宜的含水率是堆肥成功的关键因素,对堆肥过程中的氮素持留具有重要影响。Liang 等[104]对比研究了含水率分别为 60％与 70％的堆肥的 NH_3 挥发情况,结果表明,提高堆肥物料含水率有利于抑制堆肥体系中 NH_3 的扩散及 NH_4^+ 的积累,减少氮素损失。然而,物料含水率过高会影响微生物代谢和有机物料的腐熟[105]。此外,堆肥物料颗粒大小也能影响堆肥的氮素损失,中等或较小的堆肥物料颗粒尺寸可减少氨气挥发所致的氮素损失[106]。

（2）堆肥过程中的环境参数

堆肥过程中温度、pH 值及通气量等环境参数可影响堆肥过程的微生物活性、物质降解及能量流动,进而影响堆肥过程的氮素转化与损失。

堆肥初期有机物降解产生有机酸导致 pH 值降低[96],氨气难以挥发;随着微生物活动的增强,堆肥温度不断上升,氨化作用加强,有机酸逐渐分解导致 pH 值持续升高,氨气挥发损失不断增加;高温阶段氨化作用的快速进行及高温对硝化反应的抑制,使堆肥物料 pH 值进一步上升[95],物料中非挥发性铵态氮向挥发性氨气的转化过程加剧,氨气挥发尤为严重;进入堆肥降温腐熟阶段,温度持续下降且硝化作用增强,铵态氮转化为硝态氮,堆肥物料 pH 值下降[107],氨气挥发强度相对减弱。因此,氨气挥发主要发生在堆肥升温阶段和高温阶段,且温度越高,氨气挥发量越大。鸡粪及猪粪堆肥试验均表明,温度与氮素损失呈显著正相关[108,109]。

堆肥过程中物料 pH 值的变化也会影响 NH_4^+ 与 NH_3 间的平衡。pH 值升高能够促进 NH_3 的生成,pH 值超过 8.0 时氨气开始挥发损失[110],且氨气挥发量随 pH 值的上升而增加[111]。此外,高 pH 值也会降低微生物生长速度,削弱微生物对氮素的同化作用[112]。

通风是影响高温堆肥进程的重要因素之一。然而,通风在起到供氧、去除水分和二氧化碳、调节温度作用的同时也可引起堆肥物料的氨气挥发损失。通风量和通风方式的不同均会影响堆肥氮素损失[2,111]。Elwell 等[113]利用猪粪和稻壳堆肥研究表明：随着通风量的增加，NH_3 挥发量也不断增加。间歇式通风方式的氨气挥发量仅为连续性通风方式的 50%[112]。翻堆次数也影响氮素损失，Parkinson等[114]在牛粪堆肥研究过程中发现，堆肥期间翻堆 1 次和翻堆 3 次处理的氮素损失率分别为 30.4% 和 36.8%。

（3）堆肥的工艺条件

以稻草调节的猪粪堆肥 C/N 为 25，并采用开放式堆肥时，其总氮损失为 41%；而以稻草调节的猪粪堆肥 C/N 为 16，并采用封闭式堆肥时，其总氮损失为 21%，说明在开放式堆肥方式下，即使 C/N 较高也会造成大量氮素损失[112]。牛粪堆肥过程中，堆体表面覆盖多孔防水油布处理的氮素损失仅为对照处理的 42%[15]。

1.4.2.3　畜禽粪便堆肥过程控制氮素损失的措施

基于对畜禽粪便堆肥氮素损失影响因素的分析，可通过调节碳氮代谢、改变氮素存在形态、添加 NH_3 吸附剂及通风与控温措施调控等途径来减少堆肥过程的氮素损失。

（1）调节碳氮代谢

畜禽粪便的 C/N 通常较低[94]，堆肥过程中添加木屑、锯末、树皮、稻草、稻壳、米糠等 C/N 较高的物质将其 C/N 提高到 25～35 时，可促进微生物对氮的固定从而降低氨气挥发损失[48]。诸多研究表明，多数情况下提高畜禽粪便堆肥过程中初始物料的 C/N 可减少氮的挥发损失，以鸡粪、牛粪为原料添加玉米糠和玉米秸秆短节进行堆肥，堆肥过程中的氮素损失随初始堆料的 C/N 的升高而降低。Kirchmann 和 Witter[100]利用稻草调节鸡粪 C/N 分别为 36、24 和 18 进行堆肥处理，其总氮损失率分别为 8%、15% 和 38%；牛粪堆肥研究中分别添加树种橘皮、葡萄渣和小麦秸秆（C/N 的大小顺序：橘皮＞葡萄渣＞小麦秸秆），其氮素损失分别为 2%、5% 和 18%[2]，这表明提高 C/N 明显降低了氮素损失。然而，外加高碳物质并非总是能够减少堆肥过程中的氨气挥发损失，这是因为有些外加高碳物质难以被微生物利用[107]。Paillat 等[115]研究表明，畜禽粪便堆肥过程调节C/N以减少氮素损失还要依赖于高碳物质中碳对微生物的有效性。Liang等[103]利用牛粪和小麦秸秆进行堆肥,堆肥物料中添加10%的糖蜜(占干物质质量的比例)可使氮素损失降低50%,然而添加办公废纸则效果不明显。这表明,只有添加微生物容易利用的高碳物质方可有效提高C/N,减少堆肥氮素损失。

挥发性氮素绝大部分是在微生物对含氮有机物降解过程中产生的。有研究表明,微生物菌剂对猪粪堆肥中有机质和腐殖质的分解有调控作用[116],添加微生物制剂可使碳类物质降解为芳香小分子有机物,调控堆肥过程的碳氮代谢,减少含氮类物质分解为铵态氮后以气态氨气挥发的机会[117]。鸡粪中加入 FM 和 EM 两种微生物菌剂进行堆肥,可以明显促进铵态氮的转化和有机氮的形成,具有较好的氮素保持效果[118]。猪粪中添加一种对高浓度铵态氮及高温有耐受性的嗜热白色杆菌(*Bacillus pallidus*)可显著减少高温期氨气挥发损失[119]。王卫平等[91]添加 5 种产地不同的微生物发酵菌剂到鸡粪中进行堆肥,与对照相比可提高氮素含量 1.8%～16.8%,且本地所产菌剂能够更好地提高堆肥氮素含量。畜禽粪便堆肥物料中添加微生物菌剂不仅可以减少氮素损失、提高堆肥肥效,而且可以加快畜禽粪便发酵进程及有机物质分解转化、提高堆体温度达到无害化处理要求[120]。由于实际应用中畜禽粪便的来源不同,需对适宜的微生物菌剂进行选择培养,同时还需控制适当的添加量及温度、C/N等外界条件,因而烦琐的操作程序制约了其应用范围。规模化堆肥情况下比较适合采用该方法(调节碳氮代谢)减少堆肥的氮素损失[117,120]。

(2)改变氮素存在形态

许多化学物质的添加可以改变堆肥中氮素存在形态,从而有效减少氮素以氨气挥发形式损失(表 1-5)。

竹醋液、磷酸、明矾(十二水合硫酸铝钾)、过磷酸钙、磷酸二氢钾、硫酸铝等物质可溶解产生 H^+,$MgCl_2$、$CuSO_4$ 及 $MnSO_4$ 等金属盐类物质可电离产生金属阳离子,打破 NH_3 与 NH_4^+ 间的平衡,使氮素更多地以铵盐状态存在而非以易挥发损失的 NH_3 形态存在，从而减少了氮素的损失(表1-5)。

表 1-5　化学物质添加对畜禽粪便堆肥过程中氮素损失的影响

堆肥物料	化学添加剂	保氮效果	参考文献
家禽粪	明矾	减少 26％氨气挥发损失	[102]
火鸡粪	明矾	添加 7％明矾能减少 76％氨气挥发损失	[111]
奶牛粪	明矾	添加 2.5％明矾能减少 60％氨气挥发损失	[121]
火鸡粪	磷酸	添加 1.5％磷酸能减少 54％氨气挥发损失	[111]
猪粪	竹醋液	添加 1：2000(w/w)的竹醋液能减少 12.5％氮素损失	[122]
猪粪	过磷酸钙	添加 1.5％过磷酸钙能减少 74％氨气挥发损失	[123]
鸡粪	过磷酸钙	添加 10％过磷酸钙能减少 39.32％氮素损失	[124]
鸡粪	硫酸锰、硫酸铜	添加 2％的 $MnSO_4$ 和 0.5％ $CuSO_4$ 可分别减少 59.75％和 17.74％氮素损失	[124]
猪粪	氯化镁	添加 20％的 $MgCl_2$ 可减少 58％氨气挥发损失	[125]
家禽粪	氯化钙	添加 20％的 $CaCl_2$ 可减少 10％氨气挥发损失	[102]

明矾可电离产生 Al^{3+}，继而 Al^{3+} 水解释放 H^+，因此明矾被诸多研究者用于减少畜禽粪便堆肥过程氮素损失，虽然很多研究中堆肥原料及明矾添加量有所不同，但均取得了很好的控制效果[102,111,121]。硫酸铝也可以水解释放 H^+，因此，禽粪堆肥过程中添加硫酸铝能减少高达 99％氨气挥发损失[126]。磷酸也被用于研究减少堆肥过程中的氮素损失，1.5％的磷酸添加量可有效调节火鸡粪堆肥物料的 pH 值，减少 54％的氨气挥发损失[111]。过磷酸钙含有磷酸、硫酸等游离酸并有吸湿性，可通过调节堆肥物料含水率和 pH 值而减少氨气挥发损失，猪粪堆肥中加入 1.5％的过磷酸钙可减少 74％的氨气挥发损失[123]；鸡粪锯末混合堆肥中，添加过磷酸钙处理可减少堆肥升温期及高温期的 pH 值，与对照处理相比减少了 46.7％的氨气挥发损失[127]。一些金属盐类物质的添加也可减少畜禽粪便堆肥氮素损失，添加 2％的 $MnSO_4$ 和 0.5％的 $CuSO_4$ 到畜禽粪

便中的氮素损失率较对照堆体分别减少 59.75% 和 17.74%[124]。猪粪中添加 $MgCl_2$ 也可起到保存氮素的作用,与对照堆体相比可减少 58% 的氨气挥发损失[125]。另外,畜禽粪便尿素含量较高,而脲酶抑制剂能够抑制脲酶活性,避免脲酶将尿素转换为氨气挥发损失,有研究者在畜禽粪便堆肥过程中应用脲酶抑制剂显著减少了氮素损失[128]。

　　化学物质能够在较少添加量情况下改变氮素存在形态,快速减少氮素损失,但其成本一般较高,且过量使用可能影响堆肥进程或给施入土壤带来有害物质污染农田土壤环境[1]。因此,添加化学物质减少畜禽粪便堆肥过程中的氮素损失需进行筛选并控制用量、降低成本及避免对环境产生不良影响[120]。

　　(3) 添加 NH_3 吸附剂

　　NH_3 吸附剂指有吸附性能的物质,这些物质多为天然物质,具有多孔性或富含腐殖质,能够很好地吸附 NH_4^+、减少 NH_3 的形成或直接吸附 NH_3,从而减少氨气挥发损失。在堆肥物料中掺混或表面覆盖具有较强吸附功能的物质,如草炭、沸石、锯末、农作物秸秆等,可以减少堆肥过程中氨气的挥发损失(表 1-6)。

表 1-6　物理吸附剂对畜禽粪便堆肥过程中氮素损失的影响

堆肥物料	物理吸附剂	保氮效果	参考文献
新鲜鸡粪	燕麦秸秆	氨气挥发损失从 44% 降至 9%	[100]
奶牛粪	沸石	添加 6.25% 的沸石可减少氨气挥发损失 50%	[121]
鸡粪	沸石	添加 15% 的沸石可减少氨气挥发损失 49.13%	[124]
鸡粪	锯末、草炭、沸石	总氮损失从 38.5% 下降到 1.0%~5.8%	[127]
猪粪	茶叶渣	堆肥后氮素含量增加 23.61%	[129]
鸡粪	膨胀珍珠岩、膨胀蛭石、浮石、沸石	添加膨胀珍珠岩、膨胀蛭石、浮石和沸石可分别减少氮素损失 26.39%、41.67%、63.89% 和 77.78%	[130]
猪粪	膨润土	添加 5% 膨润土可减少氨气挥发损失 36%	[123]

Kirchmann 等[100]利用新鲜鸡粪添加燕麦秸秆进行堆肥研究,发现添加燕麦秸秆可减少鸡粪好氧分解期间氨气挥发损失。沸石是由硅氧四面体和铝氧四面体构成的具有连通孔道及架状构造的含水铝硅酸盐矿物,表面积大,具有很强的吸附性能和离子交换性能,其中斜发沸石对 NH_4^+ 有很强的亲和性和选择性[131],可用作畜禽粪便堆肥添加剂,以减少氨气挥发损失、提高堆肥氮素含量。鸡粪中加入沸石和纤维素含量丰富的椰皮进行堆肥,可分别减少氨气损失 44% 和 49%[102]。膨润土是一种以蒙脱石为主要成分的黏土矿物,具有良好的阳离子交换性能,对氨气吸附容量高达 100 cmol·kg^{-1},猪粪堆肥原料中添加 5% 膨润土可减少 36% 的氨气挥发损失[123]。Turan[130]在鸡粪中以膨胀珍珠岩、膨胀蛭石、浮石和沸石为添加材料(鸡粪与添加材料体积比为 10∶1)分别进行堆肥处理,结果发现可分别减少 26.39%、41.67%、63.89% 和 77.78% 的氮素损失。

秸秆、木屑、泥炭、沸石等物质用于减少畜禽粪便堆肥过程中的氮素损失虽然较为安全,但存在着用量大、效果较差等缺点。如果与能减少氮素损失的微生物菌剂、化学物质等配合使用,则可能减少用量并增强减少畜禽粪便氮素损失的效果[120]。此外,秸秆、木屑等植物性废弃物虽然产生量大,但体积较大,不便运输,因此比较适合用作畜禽农户分散养殖条件下堆肥过程中氮素损失的添加物质。

(4) 通风及控温措施

堆肥过程中通风及翻堆状况能够影响氮素损失状况。堆肥过程中特别是高温阶段,降低空气流动可降低氨气挥发损失[113]。间歇式通风与连续性通风相比,能够有效降低猪粪堆肥的氮素损失和氨气挥发损失[112]。强制通风与机械翻堆相结合的方式可促进铵态氮向硝态氮的转化,有利于减少氮素挥发损失[55]。在实际堆肥过程中,堆体温度若不加控制可高达 75～80 ℃,堆肥过程保持合适的温度,既可保证堆肥顺利进行,也有助于减少氮素损失[2]。此外,堆肥过程中采用加水结合翻堆的方式也有利于减少氮素损失[132]。

（5）综合措施

畜禽粪便堆肥过程中,结合畜禽粪便堆肥化处理各阶段的特点,可将不同控制氮素损失的措施配合使用。堆肥初期,堆体产生的小分子有机酸较多且释放的氨气较少,可以采用一些对氨气有吸附性能的物质以减少氮素损失。高温期 pH 值较高,可减少通风、加水降温以减少氨气挥发,或添加酸性物质固定氨气以减少氮素损失。堆肥降温腐熟期,加入具有硝化功能的微生物以促进铵态氮的转化。各种措施的交叉配合使用可获得较好的经济效益和环境效益,如鸡粪堆肥研究时,同时调节翻堆次数和 C/N 的结果表明,选择合适的翻堆次数和 C/N 可获得较小的氮素损失率[133]。此外,根据添加材料性质的不同将多种添加材料合理组配使用,可能比单一添加材料具有更好的减少氨气挥发效果,如鸡粪中同时添加草炭和过磷酸钙进行堆肥化处理可减少 65.1% 的氮素损失,其效果明显优于单独添加草炭和过磷酸钙[127]。

1.4.2.4　畜禽粪便堆肥过程氮素损失及控制研究展望

虽然国内外已在畜禽粪便堆肥过程中氮素损失的影响因素及其控制措施方面进行了诸多研究,并取得了很多成果,但以下方面还有待深入研究:

（1）畜禽粪便堆肥过程中氮素损失与氮素转化微生物之间关系密切,然而目前国内外对堆肥过程中氮素损失的控制研究多关注其效果,对于氮素损失控制措施所引起的堆肥过程中氮素转化微生物的动态变化涉及较少。揭示堆肥过程中氮素转化微生物学机理对开发新型高效堆肥保氮技术具有重要的指导作用。

（2）畜禽粪便堆肥中,各种物理、化学及微生物制剂等保氮添加材料在实验室规模上的效果显著,但在实际堆肥过程中,还需考虑保氮添加材料成本、堆肥产品质量安全等因素的影响。今后需深入研究确定其用量和不同添加剂的组合配比,并结合对堆肥物料初始特性的调节及堆肥环境参数的优化,探索研究适合大规模生产应用的保氮方法和技术。

（3）堆肥过程也是碳氮损失的过程，因此，有必要开展畜禽粪便堆肥过程中适度发酵工艺控制技术的研究，即在堆肥物料满足无害化卫生学指标和影响植物生根、发芽及生长的植物毒性丧失后，未完全发酵腐熟前终止堆肥进程，通过缩短堆肥时间达到节省堆肥成本、减少碳氮损失、提高肥效的目的。

（4）污泥、生活垃圾等有机废弃物贮存及堆肥过程中同样存在氮素损失，其氮素持留措施研究（如堆肥快速升温及耐高温保氮微生物的筛选应用、竹炭等多孔材料及降解产酸保氮材料的开发、磷酸铵镁结晶方法等）可供畜禽粪便堆肥参考。因此，畜禽粪便堆肥过程可合理借鉴其他有机废弃物堆肥及贮存过程已有的氮素持留方法开展相关研究，以提高保氮效果。

1.4.3　畜禽粪便中重金属及其钝化措施研究

大量研究已经表明，猪粪中含有较高浓度的 Cu、Zn 等重金属。畜禽粪便中重金属的存在，不仅增加了畜禽粪便的处置难度和费用，而且给其资源化利用带来很大限制和风险。土地长期大量施用此类畜禽粪便及其堆肥产品，将导致土壤、地下水及作物中重金属含量增加而带来生态风险[20,21,134]。我国对畜禽粪便等有机废弃物中的重金属还没有相应的限量标准，但欧洲一些国家如比利时、荷兰和德国对堆肥中重金属有较为严格的限量，参考国外腐熟堆肥中重金属限量标准，我国鸡粪、猪粪、牛粪及羊粪中的 Cu、Zn 等重金属含量均存在超标现象[25]。但也有研究表明，仅依据重金属总量来判断堆肥重金属的生物毒性不够全面[135]，重金属的生态环境效应还与影响其生物有效性的重金属化学形态密切相关[136]，有时重金属的化学形态比其总量更值得关注[137]。重金属毒性的降低可以通过降低其有效态活性来实现，诸多研究表明，降低重金属有效态活性可以起到钝化重金属、降低其毒性的作用[138,139]。

1.4.3.1　畜禽粪便中重金属的来源及特点

畜禽粪便中 Cu、Zn 等重金属主要来自配合饲料中重金属添加剂的使用。畜禽养殖业为减少畜禽疾病、促进生长发育及缩短饲养周期,往往在畜禽饲料中添加大量重金属[20,21]。国外研究表明,猪饲料中硫酸铜添加浓度高达 $150\sim250$ mg·kg^{-1},硫酸锌更是高达 $2500\sim3000$ mg·kg^{-1},是其最小需求量的 25 倍还多[140,141]。在年出栏 1 万头的养猪场,饲料中每年添加铜 $450\sim750$ kg,折合硫酸铜 $1130\sim1583$ kg[142]。有研究表明,猪对配合饲料中的 Cu、Zn 利用率低,72%~80%的 Cu 和 92%~96%的 Zn 经粪便排出[140],黄玉溢等[143]的研究结果也表明,规模化养猪场配合饲料中 Cu、Zn 含量与猪粪中 Cu、Zn 含量呈显著正相关。

　　规模化养殖场畜禽粪便中重金属的含量高于农户散养畜禽粪便中的含量,且存在地域性差异,这是含 Cu、Zn 饲料添加剂的使用量不同所致。张树清等[25]分析了我国 7 个省、市、自治区典型规模化养殖场的猪粪样品,发现猪粪 Cu、Zn 含量范围分别为 $59.7\sim1079$ mg·kg^{-1}、$397\sim3214$ mg·kg^{-1},且经济发达地区猪粪中 Cu、Zn 含量远高于经济较落后地区,这可能是由于 Cu、Zn 饲料添加剂在集约化畜禽养殖场中的使用更为广泛。程海翔等[144]的研究结果也表明,杭州地区猪粪中 Cu、Zn 平均含量分别为 330.36 mg·kg^{-1}、485.74 mg·kg^{-1},其中集约化养殖场猪粪的 Cu、Zn 平均含量也高于农户散养猪粪中的含量。此外,章明奎和顾国平[4]的研究发现,规模化养殖场畜禽粪便(包括猪粪)中的 Cu、Zn 总量及可提取态 Cu、Zn 含量占其总量的比例均明显高于农户散养畜禽粪便的,施用规模化养殖场的畜禽粪便更具环境风险。

1.4.3.2　畜禽粪便中重金属的形态

　　畜禽粪便中重金属的总量可作为判断其是否具有潜在污染的一个重要指标,但它并不能反映重金属的生物有效性,重金属化学形态是决定其生物有效性的关键因素[137]。

　　黄国锋等[145]的研究表明,猪粪中 DTPA(二乙烯三胺五乙酸)提取态 Cu、Zn 含量分别占其总量的 34.48%和 52.26%,说明猪粪中的 Cu、Zn 有效性很高。Hsu 和 Lo[146]研究表明,猪粪中的 Cu、Zn

约 60％以潜在生物有效性较高的有机态存在。程海翔等[144]研究了杭州地区集约化养殖场猪粪,发现 Cu、Zn 化学形态分布均以铁锰态为主,而重金属铁锰态的浓度与植物体内 Cu、Zn 的浓度也具有很好的相关性[147]。虽然不同研究者所研究猪粪的 Cu、Zn 有效态的存在形态不同,但均证实了猪粪中 Cu、Zn 有效态含量较高。

1.4.3.3　畜禽粪便堆肥过程对重金属形态变化的影响

研究堆肥处理过程中重金属形态变化,有助于准确评价堆肥处理对重金属生物有效性的影响。过去对畜禽粪便中重金属的研究多局限于其总量,而忽视了化学形态的变化[136]。

堆肥处理可以降低堆肥后可提取态 Cu、Zn 浓度[148],这是由于堆肥是一个腐殖化过程,堆肥过程中有机质降解产生的腐殖质类物质可以螯合固定重金属,减少有效态重金属含量,降低其生物有效性[149],并且,Cu 更易与大分子腐殖质组分结合且结合较紧密,而 Zn 更易与小分子腐殖质组分结合但结合不紧密[145]。郑国砥等[150]研究发现畜禽粪便堆肥过程可降低可交换态和碳酸盐交换态 Cu、Zn 及铁锰氧化物结合态 Cu 占其总量的比例,从而降低猪粪中重金属的生物有效性,减少畜禽粪便土地利用重金属污染的风险。然而,堆肥过程中由于有机物降解及水分挥发作用而产生的"浓缩效应",使得堆肥结束后物料重金属总量一般都比堆肥前有所增加。Tiquia 和 Tam[148]利用家禽粪便进行堆肥研究发现,堆肥后 Cu、Zn 总浓度升高。郑国砥等[150]研究了好氧高温堆肥处理对猪粪中重金属结合形态变化的影响,其结果也表明好氧堆肥增加了猪粪中 Cu、Zn 总浓度。由于畜禽粪便水分含量和易降解有机物含量高,导致其堆肥过程对重金属的"浓缩效应"强,决定了堆肥过程对重金属的固定作用比较有限,尤其是重金属含量相对较高的畜禽粪便,其堆肥化处理对重金属的钝化效果更差。因此,畜禽粪便堆肥过程中,有必要采取相关措施增强堆肥处理对重金属的钝化效果。

1.4.3.4　畜禽粪便堆肥过程中增强重金属钝化效果的措施

改变堆肥工艺可以提高堆肥过程对重金属的钝化效果。猪粪与木屑混合堆肥研究中,采用强制通风结合翻堆方式比单一翻堆方式更有助于降低重金属的生物有效性[138,145],其原因可能在于前者更有利于堆肥物料降解,生成了更多的腐殖质类物质。

添加重金属钝化剂是钝化重金属、降低其生物有效性的一种最有效方法。利用钝化剂减少重金属活性,由于其效果明显,操作简单,在重金属污染修复及钝化方面得到了普遍应用。目前,常用的重金属钝化剂主要有沸石、活性炭、磷酸盐、石灰、石膏、硅酸盐、泥炭、飞灰等,它们具有携带负电荷、高 pH 值对重金属元素的生物有效性不能提供具体信息及多孔性等特点,能够通过吸附、沉淀、离子交换等方式钝化重金属,降低其生物有效性。杨国义等[138]在猪粪与木屑混合堆肥研究中发现,在堆肥物料中加入树叶或鸡粪能显著降低重金属生物有效性。黄国锋等[145]利用猪粪与木糠、树叶进行混合堆肥研究,其研究结果也表明,堆肥物料加入树叶有助于降低堆肥中 Cu、Zn 的生物有效性。张树清等[151]研究发现风化煤对猪粪和鸡粪堆肥中水溶态 Cu、Zn、Cr、As 均具有钝化作用,其原因可能在于风化煤的添加促进了腐殖质的形成,从而提高了对水溶态重金属元素的钝化效果。

1.5 畜禽粪便堆肥土地资源化利用的肥力效应、生物效应和环境效应

畜禽粪便堆肥富含矿质养分及有机质,合理施用不仅可为植物生长提供丰富养分,还可增加土壤有机质,改良土壤结构,丰富土壤生物群落,进而促进土壤中物质与能量循环,但不合理的大量施用会导致土壤盐渍化、重金属污染及氮磷流失。

1.5.1 畜禽粪便堆肥的肥力效应

畜禽粪便堆肥含有丰富的大量元素(N、P、K、Mg、Na、Ca)和微

量元素（Cu、Zn、Mn 等），施入土壤后可提高土壤养分，促进植物生长。同时，畜禽粪便堆肥所含的大量有机质可改善土壤理化特性，提高土壤孔隙率和导水率[152]，提高土著微生物活性，抑制土传病害。有机质经微生物分解转化可产生大量的维生素、有机酸、腐殖酸和激素等物质，刺激作物根系旺盛生长，减少植物病害，提高植物对养分的吸收及利用，促进作物的干物质积累及产量的提高[153]。

1.5.1.1　提高土壤养分

畜禽粪便的无害化处理是养殖场污染防治的重要内容，从资源化利用的角度来看，畜禽粪便又是一种宝贵的资源。如表 1-7 所示，畜禽粪便含有大量的有机质和氮、磷、钾等植物必需的营养元素[154]，如能有效利用，不仅能防治污染，而且能为现代有机农业生产提供大量优质有机肥料，解决长期单一施用化肥所造成的土壤板结和肥力下降等问题[155]。施用有机肥与施用化肥相比，可显著提高土壤氮素及有效钾含量[156]。

表 1-7　不同畜禽粪便主要养分含量（%）

种类	水分	有机质	氮	磷（P_2O_5）	钾（K_2O）
猪粪	72.4	25	0.45	0.19	0.6
牛粪	77.5	20.3	0.34	0.16	0.4
马粪	71.3	25.4	0.58	0.28	0.53
羊粪	64.6	31.8	0.83	0.23	0.67
鸡粪	50.5	25.5	1.63	1.54	0.85

1.5.1.2　改善土壤的理化性状

有机残体纤维素和木质素腐殖化形成的腐殖酸是一类优良的土壤结构改良剂，可以促进土壤团粒结构的形成，通过对土壤中养分的吸持作用增加土壤养分容量[157]。土壤增施富含腐殖酸的腐熟畜禽粪便堆肥后，其持水容量较土壤矿质部分高，有利于改善土壤持水特性，还能增加土壤总孔隙度，改变孔隙的分布状况。菜田土壤连续

15 年定位施用腐熟马粪的研究结果表明,长期施用有机肥可提高土壤有机质含量[158],土壤有机质含量的提高对于培肥土壤、提高地力、防止土壤退化均具有重要作用。稻区土壤连续 8 年施用猪粪堆肥显著提高了土壤团聚体水平、团聚度和结构稳定性,改善了土壤通气、透水性能,从而提高了土壤的抗逆性[159]。

1.5.2 畜禽粪便堆肥的生物效应

腐熟的畜禽粪便堆肥中含有多种微生物及其产生的活性物质,施入土壤后,可以增强土壤微生物活性。此外,堆肥除本身可以提供养分外,还可促进土壤有机质的分解和有效养分的释放,改善土壤的理化性状,促进植物生长和农产品品质的提高。

1.5.2.1 改善土壤微生物性状

堆肥不仅是一种有机肥料,更是一个携带着众多有特殊功能、易发挥种群优势的微生物资源库[160]。在果园中连续几年施用鸡厩肥的土壤与对照土壤相比,对 $P. cinnamomi$ 菌引起的根腐病有明显的抑制作用[161]。腐熟牛粪可以促进土壤中细菌和放线菌的生长,抑制土壤中真菌的生长,减少植物病害的发生[162]。

1.5.2.2 提高作物产量和品质

大量研究表明,畜禽粪便堆肥的合理施用能够促进作物产量和品质的提高。姚丽贤等[163]在水稻土和赤红壤 2 种土壤中分别施用鸡粪和猪粪堆肥,发现鸡粪和猪粪堆肥的施用均能显著提高通菜生物量,并且,生物量表现出低量鸡粪处理＞高量处理、高量猪粪处理＞低量处理、猪粪处理＞鸡粪处理的规律。水稻土和赤红壤中分别添加 2％和 4％的鸡粪或猪粪堆肥均能提高苋菜和水菠菜生物量[164]。施用畜禽粪便堆肥可显著改善蔬菜品质,如单施畜禽粪便堆肥处理结球甘蓝和菜心的可溶性糖和维生素 C 含量均显著高于单施化肥的处理,而硝酸盐含量则显著低于单施化肥的处理[165]。Abdelhamid 等[166]在豆科植物盆栽研究中,施用 20 g·pot^{-1}(折合

$10 \text{ t} \cdot \text{ha}^{-1}$)的菜籽饼和鸡粪的混合堆肥,显著增加了豆科植物产量及籽粒粗蛋白含量。牛粪堆肥添加一定量的氮肥替代原有的玉米种植基肥,可以增加玉米籽粒蛋白质及铁含量,提高玉米品质[167]。

1.5.3 畜禽粪便堆肥的环境效应

适量施用畜禽粪便堆肥可以提高土壤养分,改善土壤理化性状,提高农林产品的产量和品质,但过量施用会对环境产生不良的影响。此外,利用堆肥富含养分及各种微生物的特性,还可以用来修复多种受污染的土壤。

1.5.3.1 畜禽粪便堆肥过量施用引发土壤盐渍化

畜禽粪便及其堆肥中含有较高的盐分。张树清等[25]研究表明,猪粪的电导率、可溶性盐和 NaCl 平均含量分别为 $9.2 \text{ mS} \cdot \text{cm}^{-1}$、$1.9 \text{ g} \cdot \text{kg}^{-1}$ 和 $1.0 \text{ g} \cdot \text{kg}^{-1}$,而且电导率、可溶性盐及 NaCl 含量三者之间存在较好的正相关性。王辉等[18]对江苏省 13 个地市畜禽粪便样品的分析结果也表明,畜禽粪便含有较高盐分,江苏省鸡粪、猪粪和牛粪的盐分含量平均值分别为 $15.0 \text{ g} \cdot \text{kg}^{-1}$、$8.0 \text{ g} \cdot \text{kg}^{-1}$ 和 $6.1 \text{ g} \cdot \text{kg}^{-1}$。姚丽贤等[16]对广东省集约化养殖场 61 个畜禽粪便样本进行分析的结果表明,鸡粪、猪粪和鸽粪的总盐分含量分别高达 $49.0 \text{ g} \cdot \text{kg}^{-1}$、$20.6 \text{ g} \cdot \text{kg}^{-1}$ 和 $60.3 \text{ g} \cdot \text{kg}^{-1}$,盐分组成主要以 K 和 Na 的硫酸盐和氯化物为主。

王辉等[18]模拟预测研究的结果表明,在目前的畜禽粪便(有机肥)施用水平下,畜禽粪便农用对露天种植的大田作物和蔬菜地土壤次生盐渍化基本不会造成显著影响,而对温室大棚土壤次生盐渍化影响较大。在畜禽粪便盐分含量较高($24.2 \text{ g} \cdot \text{kg}^{-1}$)及中、高施肥量($65 \sim 100 \text{ t} \cdot \text{hm}^{-2} \cdot \text{a}^{-1}$)情况下,施用有机肥 $2 \sim 8$ 年,大棚土壤盐分含量增加 $110 \sim 215 \text{ g} \cdot \text{kg}^{-1}$,土壤可达轻度、中度甚至重度盐渍化。

1.5.3.2 畜禽粪便农用重金属污染

许多研究表明,猪粪中含有大量 Cu、Zn[134,146],虽然 Cu、Zn 是生物必需的微量元素,参与许多重要的生物化学过程,但过高浓度的Cu、Zn 对植物、动物和微生物会产生毒害作用,造成不同程度的环境污染风险。猪粪中重金属的存在,不仅增加猪粪的处置难度和费用,而且给其资源化利用带来很大限制和风险。含重金属猪粪长期农业利用将会造成土壤质量退化,土壤重金属的累积可能导致农产品质量及安全性下降[168],尤其是对于大量施用猪粪的蔬菜地,其重金属污染更不容忽视。距养殖场较近地区,由于连年大量施用 Cu、Zn 含量较高的粪肥,一些地方的地表水或土壤中铜含量超标,导致生物毒害现象发生[151]。Nicholson 等[168]研究报道称,畜禽粪便已成为土壤中 Cu、Zn 等重金属的重要来源,其对土壤 Cu、Zn 积累的年贡献率分别为 37%～40% 和 8%～17%。杨定清[23]的研究结果表明,小麦-水稻轮作农田,长期施用高锌猪粪,根据土壤 pH 值的不同,则土壤中 Zn 含量在 12～28 年间可能超过国家土壤环境质量标准的二级标准,pH 值愈低,情况愈严重。Zhou 等[21]研究了含有Cu、Zn 的猪粪和鸡粪对萝卜和青菜生长期吸收中 Cu、Zn 的影响,结果发现萝卜和青菜中 Cu、Zn 含量随着畜禽粪便 Cu、Zn 含量的增加而增加,部分处理萝卜地上部分 Zn 含量达到 28.7 mg · kg^{-1}(鲜重计),已超过了我国食品卫生标准(20 mg · kg^{-1})。Mantovi 等[24]研究表明,意大利北部农业土壤因长期施用高铜、高锌含量的畜禽粪便已导致了土壤及作物铜、锌污染。

1.5.3.3　氮、磷养分流失

土壤中添加超过植物生长需求量的畜禽粪便堆肥,可能会由于过量氮、磷养分的流失而导致地下水、地表水污染[152]。如集约化畜禽养殖场周围的土壤,由于畜禽粪便的大量施加致使其磷素过量[169],高达植物最佳需求量的 2～3 倍[170],增加了磷流失到地表水体的风险和水体发生富营养化的概率[171]。刘勤等[172]通过田间试验,研究了长期施用鸡粪的稻田在不同鸡粪施用量下氮、磷养分淋洗特征及其潜在的环境效应,结果表明,施用大量鸡粪能明显增加土壤渗漏液中硝态氮含量,稻田磷淋洗量与鸡粪用量呈显著正相关,长期施用鸡粪的稻田土壤具有较高氮、磷污染风险。

1.5.3.4　畜禽粪便堆肥修复污染土壤

堆肥不仅含有丰富的营养物质，而且含有杆菌、假单胞菌、放线菌及能降解木质素的真菌等多种微生物，因此，堆肥可以改善土壤结构、调节 pH 值和水分及增加微生物活性等[173]。堆肥已被广泛用于修复受多环芳烃、硝基类化合物、农药及重金属污染的土壤[173]。目前，堆肥施用修复各种污染土壤的机理主要有三种解释：(1) 改变土壤或污染物理化性状，实现对污染物的降解或钝化，如堆肥通过直接与重金属发生氧化还原、沉淀和吸附作用或通过间接改变土壤理化性质如酸碱度、氧化还原电位等实现对重金属的钝化[174]；(2) 通过所携带的各种养分增强土著微生物活性，实现对污染物的降解[175]；(3) 通过本身携带的多种微生物实现对污染土壤中污染物的降解。

1.6　竹炭与竹醋液在环境领域的应用

1.6.1　竹炭在环境领域的应用

竹炭是竹材热解的主要产品，有丰富的孔隙分布特征和高比表面积，而且其表面存在羧基、酚羟基等含氧官能团和少量含硫、氢、氯等其他元素的表面官能团[176]。竹炭除用作燃料外，也是一种新型机能材料和环境保护材料。生物质炭（bio-charcoal or biochar）是生物质材料热解过程的残余物，竹炭是生物质炭的一种，同样具有生物质炭的一些特性及作用：性质极稳定，难以降解；自身富含碳素，可减缓温室气体排放；具有超强的吸附功能，可吸附污染物，减少环境污染；农田施用可改良土壤。

1.6.1.1　吸持养分减少流失

生物质炭具有巨大的比表面积、大量的表面负电荷及高电荷密度[177]，竹炭也同样具有这些特性，其比表面积高达 $300 \sim 500 \ m^2 \cdot g^{-1}$，是普通木炭的 $2 \sim 5$ 倍，吸附性能是木炭的 $3 \sim 4$ 倍[178]，因此它对很多物质均具有较强的吸附能力。土壤中施用竹炭能够持留土壤养分，不仅可提高作物产量，还可降低养分流失，减少造成环境污染的风险。在盆栽情况下施用竹炭包膜尿素，可提高氮素利用率 $10\% \sim 25\%$，减少氮素溶出损失，减轻氮素对水体的污染[179]。

1.6.1.2 缓解气候变化

竹子生长过程中通过光合作用固定 CO_2，竹炭生产过程中一部分碳得以以竹炭的形态保存，且难以降解，因此，竹炭的土地利用就可以长期固定这部分来自大气中的 CO_2，施用到土壤中的竹炭就变成碳汇，减少 CO_2 排放，从而可以缓解温室效应。竹炭是生物质炭的一种。有研究表明，土壤中添加生物质炭，不仅其本身能够固持 CO_2，减少 CO_2 向大气中的排放量，而且还可以减少土壤中非 CO_2 温室气体 NO_x 和 CH_4 的排放量[180,181]。Rondon 等[180]通过温室试验研究发现，向青草地中添加 $20 \ g \cdot kg^{-1}$ 的生物质炭后，CH_4 排放受到彻底抑制，而 NO_x 排放量则降低 80%。

1.6.1.3 改良土壤及促进植物生长

生物质炭能够调节土壤 pH 值，增强土壤保水性能，提高土壤孔隙度和通气性，从而改善土壤的物理性状，还能够通过贮存养分而提高养分利用率[182]，竹炭也有类似的作用。施过竹炭颗粒的土壤，其理化性能得到了改良，孔隙度增加，水解氮、速效钾、速效磷、交换性镁和钙等含量均明显提高，而有效态铜、锌等重金属含量则相对降低；土壤施用竹炭可对高羊茅的发根、发叶及生长有不同程度的促进作用[183]。Hoshi[184]的研究表明，绿茶茶园连续 3 年施加竹炭，其土壤肥力可以持久，并可长期保持土壤 pH 值在适合茶树生长的范围内。此外，竹炭的多孔性及比表面积较大的特性，还使其对空气中的水蒸气具有一定的吸附性，从而具有保水保湿功能。同时，黑色的竹炭能较好地吸收太阳光照，土壤施用竹炭可提高地表温度，减轻严寒对植物的冻害[183]。

1.6.1.4　吸附去除污染物

竹炭对重金属和有机、无机污染物均有很好的吸附去除效果，而且具有材料易得、吸附时间短、去除效果好、再生容易、消耗少、经济方便等优点。陈旭超等[185]研究表明，竹炭对水溶液中的 Cu^{2+} 具有较好的吸附效果，是较为理想的 Cu^{2+} 吸附材料，吸附率随竹炭用量的增加及其粒径的减小而增大。竹炭也可作为理想的除锌吸附材料，能有效除去水溶液中的 Zn^{2+} ，而且以水为洗脱剂并采用微波加热可使竹炭的吸附能力恢复到原来的 97％ 以上[186]。陈国青等[187]利用超细竹炭对 Pb^{2+} 进行吸附能力测试，发现 pH 值、吸附时间和温度是影响吸附效果的重要因素，在 pH 值 4.0、吸附时间 30 min、水温 25 ℃时，超细竹炭对 Pb^{2+} 的吸附率为 99.8 ％。此外，竹炭对水中 2,4-二氯苯酚及氟离子也具有较强的吸附去除效果[188,189]。

1.6.2　竹醋液在环境领域的应用

竹醋液又名竹酢液、竹沥、竹油、竹汁，是在烧制竹炭过程中竹材热解成分的冷凝回收液，具有特殊的烟熏气味，呈淡黄色至红褐色，组成成分相当复杂，含有 200 多种小分子有机成分，主要包括有机酸、酮类、醇类、酚类和酯类，而以乙酸为主要成分，占有机成分的50％左右，故呈酸性[190]。竹醋液具有能够改良土壤、防治病虫害、减少农药使用、促进作物生长、提高产品品质等作用，而且对人畜无毒无害。

1.6.2.1　改良土壤

竹醋液能有效改善土壤的微生物类群，促进有机物分解利用，从而使土壤的团粒结构、透水性、通气性得以改善，提高肥料的利用率[191]。韦强[192]以 0.5％竹醋液对黄瓜灌根，可促进黄瓜根际细菌、放线菌及真菌数量的增加，改善土壤理化性状，从而促进黄瓜生长。大棚研究中，将竹醋液以一定的比例与矿物肥料混合，而后作为黄瓜育苗时的土壤添加物质,能明显增加苗高和茎粗,提高黄瓜总产量[193]。

1.6.2.2 增强农药药效

竹醋液对杀虫剂具有一定的增效作用。田间研究结果表明,10%蚜虱净可湿性粉剂、15%杀螨特乳油、40%杀扑磷乳油中分别添加稀释300～500倍竹醋液,减少一半上述农药的推荐剂量,就能达到常规推荐剂量的杀虫效果[194]。在乐果中添加3%的竹醋液后,其防治柑橘红蜘蛛和茶树黑刺粉虱的效果显著增强[195]。

1.6.2.3 促进植物生长

竹醋液对植物生长的影响具有两面性,即低浓度促进生长、高浓度抑制生长。适当浓度的竹醋液对供试莴苣、水田芥、北柴胡和菊花的种子发芽和胚根生长有明显促进作用[196]。叶面喷施300～800倍稀释浓度的竹醋液对生菜、油菜、黄瓜的生长均有促进作用,最大可增产18.8%～20.2%,竹醋液的促生机理可能是通过促进叶片光合作用来增加物质的累积或转换,或通过调节生长素的前驱物质来调节作物的生长[190]。

1.6.2.4 增强或抑制微生物活性

竹醋液在稀释倍数较小时,具有抑制微生物活性的作用[197];在稀释倍数较大时,则有促进微生物增殖的效果[198]。

在生活污水好氧处理之前投加占污水体积 10^{-6} 的竹醋液,对污水 COD_{Cr}(采用重铬酸钾作为氧化剂测定出的化学耗氧量)的去除有极显著的促进作用,使 COD_{Cr} 去除率提高10%,其促进作用可能来自竹醋液中的乙酸[199]。竹醋液是一种广谱抑菌剂,对黄瓜炭疽病菌、苹果霉心病菌、小麦赤霉病菌、草莓灰霉病菌和葡萄霜霉病菌均有抑制作用,还可显著抑制大肠杆菌、金黄色葡萄球菌和黑曲霉的生长。其原因可能在于竹醋液所含有的酚类化合物及三萜类化合物的直接抑菌作用,或者由于竹醋液中某些组分刺激植物产生抗病性,也可能由于多种组分之间的增效作用[200,201]。

1.6.2.5　用作饲料添加剂、除臭剂

竹醋液具有提高畜禽生产效能及消除臭味的作用。在鸡、鸭饲料中添加 0.5％～1％竹醋液,不仅可以提高鸡、鸭的抗病能力,提高产蛋率和禽蛋质量,而且还可以减少鸡、鸭粪便产生的臭味,改善鸡、鸭养殖场生产环境[191]。卫生间等有恶臭的地方喷洒竹醋液,能消除臭味,保持空气清新,喷洒一次能维持 3～5 d[202]。

2 竹炭及竹醋液对猪粪堆肥化过程理化参数及微生物群落多样性的影响

　　猪粪的土地利用被认为是一种经济高效的资源化利用方式,然而猪粪具有含水率高、易腐烂变质、不易贮存运输及病原微生物含量高的特点[72,28]。因此,猪粪资源化利用前必须实现减量化及无害化处理。好氧堆肥是一种常用的实现猪粪减量化和无害化处理的有效手段。但是,传统的猪粪好氧堆肥过程存在升温启动慢、脱水效果差等问题。因此,如何选择合适的调理剂与添加剂,促进堆肥快速升温和脱水,对于猪粪好氧堆肥技术的推广应用具有重要的现实意义。

　　竹炭是竹材热解的主要产品,具有丰富的孔隙分布特征和高比表面积,其表面存在羧基、酚羟基等含氧官能团和少量含硫、氢、氯等其他元素的表面官能团[176]。除用作燃料外,竹炭也是一种新型机能材料和环境保护材料,具有极佳的吸水性能和保温性能,且能够持留养分[183,184]。竹醋液是竹材热解的副产品,低浓度时具有促进微生物增殖的效果[198]。

　　堆肥是在人工控制的条件下,依靠微生物作用将可被生物降解的有机物转化为稳定的腐殖质的生物化学过程。微生物在堆肥过程中扮演着重要角色,已有研究表明,堆肥过程中的一切变化(有机物、温度、pH 值、堆肥周期、堆肥质量、臭味控制、氮素损失等)都与微生物的活动密切相关[203,204]。因此,分析堆肥过程中微生物群落多样性的变化,对于有效控制堆肥过程、提高堆肥质量、优化堆肥工艺具有重要意义[205]。由于堆肥中微生物群体结构的复杂性和多样性,以及受研究方法的限制,使得堆肥环境中微生物群落研究的难度较大。经典的平板培养分离法不能检测那些尚未能培养的微生物,而自然环境中可分离培养的微生物种类只占该环境下微生物种类总数

的 $0.1\% \sim 10\%$[206]，因此，这种方法难以全面、真实地反映堆肥环境中微生物群落结构的原始状态[207]。而微生物分子生物学方法PCR-DGGE（聚合酶链式反应-变性梯度凝胶电泳）能够有效地分析复杂微生物群落及其多样性，具有可靠、重现性好、可同时快速分析大量样品的优点[208]，能够克服传统微生物研究方法的不足。该技术自 1993 年被应用于微生物生态学研究以来[206]，已迅速发展成为环境微生物群落结构研究的有效手段之一。

本章以某规模化养猪场猪粪为堆肥材料，研究竹炭及竹醋液的添加对堆肥过程温度、水分、pH 值、电导率及发芽指数的影响，为竹炭及竹醋液在猪粪堆肥中的合理利用提供理论参考。同时，采用PCR-DGGE技术研究猪粪堆肥过程微生物群落多样性的变化，旨在明确添加竹炭及竹炭＋竹醋液对堆肥过程中微生物群落多样性的影响，以及对微生物群落多样性在堆肥不同阶段变化的影响，为堆肥工艺的优化提供科学依据。

2.1　研究材料与方法

2.1.1　研究材料

研究采用的竹炭购自杭州市姚氏炭业有限公司，所用猪粪、锯末及腐熟猪粪堆肥购自杭州市萧山区某集约化养猪场及其腐熟堆肥厂，锯末用于调节堆肥物料 C/N 和水分含量，腐熟猪粪堆肥用作堆肥回流熟料。堆肥原料基本性质见表 2-1。

表 2-1　堆肥原料基本性质

参数	猪粪	锯末	腐熟猪粪堆肥	竹炭
pH	$7.24 \sim 7.45$	$4.47 \sim 4.49$	$8.47 \sim 8.68$	$8.82 \sim 8.86$
电导率 EC（mS·cm^{-1}）	5.45	0.03	5.18	—

续表 2-1

参数	猪粪	锯末	腐熟猪粪堆肥	竹炭
含水率(%)	70.1	15.1	35.7	11.0
C/N	12.9	409.9	16.3	—
总氮(%)	2.90	0.14	2.09	—
密度(g·cm^{-3})	—	—	—	0.40
烧制温度(℃)	—	—	—	600
比表面积(m^2·g^{-1})	—	—	—	358.6

注:一,未测定。

2.1.2　堆肥工艺条件

研究采用静态堆强制通风结合翻堆的堆肥方式对猪粪进行堆肥处理,堆肥过程前 4 周通气量控制为 1.3 m^3·h^{-1}·t^{-1},不翻堆,其余时间停止通气而每 7 d 翻堆一次。所用堆肥槽用砖块、水泥砌成,尺寸:长×宽×高＝1000 mm×400 mm×1000 mm,槽体底部放置1个多孔布气网,布气网下部安置 4 根直径 10 mm 的 PVC 通风管,管壁四周打有小孔,通风管一端密封,另一端与鼓风机相连。将堆肥物料混合均匀,并调节其含水率约为 65%,而后装入槽中进行堆肥。猪粪堆肥槽示意图如图 2-1 所示。

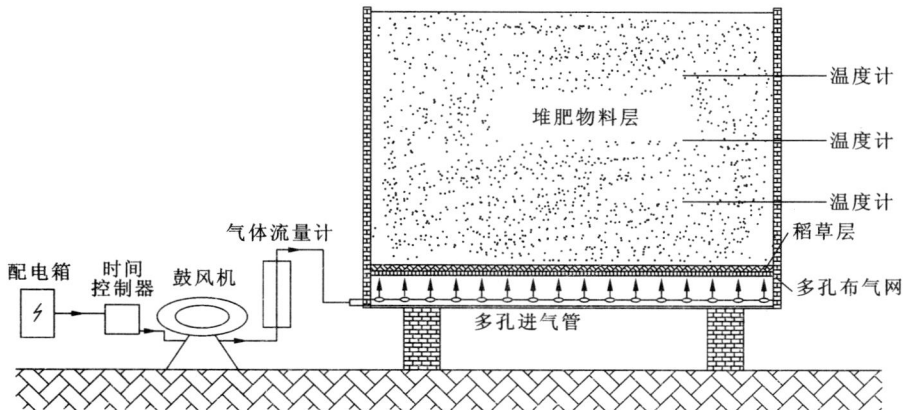

图 2-1　猪粪堆肥槽示意图

2.1.3　研究设计及采样方法

本研究设 7 个不同的堆肥处理,依次是:未添加竹炭及竹醋液的对照处理;添加了 3%(w/w,注:全文堆肥过程所涉及竹炭和竹醋液的添加量均为竹炭及竹醋液与堆肥物料鲜重的比值)竹炭处理;添加了 6%竹炭处理;添加了 9%竹炭处理;添加了 3%竹炭+0.2%竹醋液处理;添加了 3%竹炭+0.4%竹醋液处理;添加了 3%竹炭+0.6%竹醋液处理。分别命名为 CK、3%BC、6%BC、9%BC、3%BC+0.2%BV、3%BC+0.4%BV 和 3%BC+0.6%BV。竹醋液添加时预先和竹炭混合。堆肥各处理具体原料配比如下:

CK:100 kg 猪粪+7 kg 锯末+7 kg 腐熟猪粪堆肥;

3%BC:100 kg 猪粪+7 kg 锯末+7 kg 腐熟猪粪堆肥+3%竹炭;

6%BC:100 kg 猪粪+7 kg 锯末+7 kg 腐熟猪粪堆肥+6%竹炭;

9%BC:100 kg 猪粪+7 kg 锯末+7 kg 腐熟猪粪堆肥+9%竹炭;

3%BC+0.2%BV:100 kg 猪粪+7 kg 锯末+7 kg 腐熟猪粪堆肥+3%竹炭+0.2%竹醋液;

3%BC+0.4%BV:100 kg 猪粪+7 kg 锯末+7 kg 腐熟猪粪堆肥+3%竹炭+0.4%竹醋液;

3%BC+0.6%BV:100 kg 猪粪+7 kg 锯末+7 kg 腐熟猪粪堆肥+3%竹炭+0.6%竹醋液。

分别于堆肥过程的第 1、7、14、21、28、35、42、49、56 d,从堆肥槽中采集代表性样品,一部分装入无菌塑料袋内,贮存于 4 ℃的冰箱中,供水分、pH 值、电导率、铵态氮、硝态氮、发芽指数测定;一部分装入无菌塑料袋内,置于−70 ℃超低温冰箱内保存,用于微生物 PCR-DGGE 分析;另一部分于室外自然风干,研磨、过筛,供总氮、总磷、有机磷、有效磷、灰分、总铜、总锌和 DTPA 提取态铜、锌测定。

2.1.4 堆肥样品指标分析方法

温度：每天 3 次利用温度计测定堆肥物料及环境温度；

水分：采用鲜样在 105 ℃烘干至恒重测定；

pH、EC：新鲜堆肥样品按固液比 1∶10（$w∶v$，以干重计）加入一定量的去离子水，在 150 r·min^{-1} 的速度下振荡浸提 1 h，测定悬浮液的 pH 值及 EC[209]。

发芽指数（GI）：首先用上述方法制备堆肥样品浸提液，然后在 9 cm 培养皿内垫上一张滤纸，均匀放入 10 颗水芹（$cress$）种子，加入 5 mL 堆肥样品浸提滤液，在 25 ℃黑暗的培养箱中培养 48 h 后，计算发芽率，并测定根长。每个样品重复做 3 次，同时用去离子水做空白试验，然后用以下公式计算种子的发芽指数[210]：

$$GI = \frac{G_t L_t}{G_c L_c} \times 100\%$$

式中　GI——种子发芽指数（%）；

　　　G_t、G_c——处理和对照的平均种子发芽率（%）；

　　　L_t、L_c——处理和对照的平均根长（cm）。

堆肥脱水率计算参考黄红英等[77]提出的公式并做相应修改：

$$脱水率 = \frac{100(M_i - M_s)}{M_i(100 - M_s)}$$

式中　M_i——初始堆肥物料含水率（%）；

　　　M_s——采样时堆肥物料含水率（%）。

2.1.5 堆肥样品总 DNA 提取

采用 FastPrep DNA 提取试剂盒（Qbiogene，USA）提取样品总 DNA，具体步骤如下：

（1）称取 0.5～1.0 g 堆肥样品，加液氮研磨后，转入装有直径分别为 0.1 mm（0.5 g）、0.5 mm（0.5 g）和 5 mm（1 粒）玻璃珠的 2 mL 无菌 EP 管中；

（2）加入 1 mL 0.1 mol·L^{-1} PBS（磷酸缓冲液，pH 值 8.0），室温震荡 40 s 使之混合均匀；

（3）加入 40 μL 无菌水配制的浓度为 0.125 mg·μL^{-1} 的溶菌酶溶液（使 EP 管中溶菌酶终浓度为 2.5 mg·mL^{-1}），室温震荡 40 s 使之混合均匀而后 25 ℃静置 15 min，使酶促反应充分进行；

（4）加入 125 μL 25％ SDS（十二烷基硫酸钠）溶液，振荡处理 40 s，而后室温（25 ℃）静置 5 min，12000 r·min^{-1} 离心 5 min；

（5）取上清液装入 1 个 1.5 mL EP 管中，每 700 μL 上清液加入 125 μL 8.0 mol·L^{-1} KAc 溶液，倒置 1 min 使之混合均匀；

（6）12000 r·min^{-1} 离心 5 min，取上清液于新的 2 mL EP 管中，加 1 mL 重悬硅珠（Binding Matrix）溶液（1∶2，用 6 mol·L^{-1} 异硫氰酸酯胍稀释），翻转混合 2 min，12000 r·min^{-1} 离心 1 min；

（7）倒去上清液，沉淀物用 500 μL 70％乙醇缓冲液（内含 100 mmol·L^{-1} 的 NaAc）清洗，12000 r·min^{-1} 离心 1 min，倒去上清液，放置适当时间（可置于 50～60 ℃烘箱）使乙醇挥发完全；

（8）加 100 μL pH 值 8.0 的 TE 缓冲液（Tris-EDTA buffer solution）抽提，放置 1～2 min，12000 r·min^{-1} 离心 1 min；

（9）将上清液转入 1.5 mL EP 管，测定上清液 DNA 含量，−20 ℃保存。

2.1.6　堆肥样品 DNA 的 PCR 扩增

PCR 扩增以上述提取的基因组 DNA 为模板，利用德国 Eppendorf公司的 PCR system 2700 型基因扩增仪，采用针对细菌扩增的引物对 F357-GC 和 R518 进行扩增。F357-GC 和 R518 的引物序列分别为：

F357-GC：5$'$-**CGC CCG CGC GCG CGG CGG GCG GGG CGG GGG CAC GGG G** GGC CTA CGG GAG GCA GCA G-3$'$；

R518：5$'$-ATT ACC GCG GCT GCT GG-3$'$。

该引物对对应于细菌 16S rDNA 基因的 V3 区，F357 位于细菌

16S rDNA 基因序列中的保守区,并在 5′端加 GC 夹,R518 位于通用保守区。

正向引物 F357-GC 中黑体字部分为 GC 夹,引物的 5′端连接 GC 夹主要是为了增加 DNA 双链解链区的数量,用以保证 DGGE 试验的稳定和片断的分离。这一对引物能够扩增绝大多数的细菌,其扩增片段长度为 220 bp。

PCR 扩增所采用的 50 μL 反应体系构成如下:

(1) 双蒸水(ddH$_2$O)   32.5 μL

(2) 10×反应缓冲液体[0.1 mol·L^{-1} Tris-HCl(pH 值 8.3),0.5 mol·L^{-1} KCl]   5 μL

(3) MgCl$_2$(25 mmol·L^{-1})   6 μL

(4) dNTPs(脱氧核酸核苷三磷酸,各 2.5 mmol·L^{-1})   4 μL

(5) F357-GC(25 μmol·L^{-1})   0.5 μL

(6) R518(25 μmol·L^{-1})   0.5 μL

(7) Taq 酶(5 U,Takara)   0.5 μL

(8) 模板 DNA   1 μL

PCR 扩增反应采用梯度降温(Touchdown PCR)以增强扩增片段的特异性,具体反应条件如下:

Ⅰ 94 ℃   5 min

Ⅱ 循环该阶段 20 次

   1. 94 ℃   50 s

   2. 以 0.5 ℃·s^{-1}的降温速率,从 57 ℃下降至 47 ℃   50 s

   3. 72 ℃   40 s

Ⅲ 循环该阶段 12 次

   1. 94 ℃   50 s

   2. 47 ℃   50 s

   3. 72 ℃   40 s

Ⅳ 72 ℃   10 min

Ⅴ 保持 4 ℃

2.1.7　变性梯度凝胶电泳（DGGE）

变性梯度凝胶电泳（DGGE）参照 Muyzer 等[206] 的方法，采用 Bio-Rad 公司 DCode™的基因突变检测系统（Bio-Rad Laboratories，Hercules，CA，USA）对 PCR 反应产物进行分离。将 PCR 产物加入到 8%的聚丙烯酰胺凝胶中，凝胶的变性范围为 30%～60%，采用预先配制的 0%和 80%的变性剂进行凝胶的配制（具体配制方法见表 2-2 和表 2-3）。电泳条件为：温度 60 ℃、电压 160 V，缓冲液 1×TAE，上样量为 45 μL PCR 产物＋15 μL 6×溴酚蓝二甲苯氰溶液，电泳时间 6.5 h。电泳结束后，采用生物色素（SYBR）避光染色（SYBR 3 μL:1×TAE 15 mL）30 min，借助于 Bio-Rad 公司的凝胶成像系统（Gel DocTMEQ，Bio-Rad）观察样品的电泳条带并拍照。

表 2-2　变性剂的配制

试剂	0%变性剂	80%变性剂
40%的丙烯酰胺/双丙烯酰胺（mL）	19.95	19.95
50×TAE 缓冲溶液（mL）	2	2
去离子甲酰胺（mL）	0	32
尿素（g）	0	33.6
双蒸水	定容至 100 mL	定容至 100 mL

表 2-3　聚丙烯酰胺变性梯度凝胶配制（8%）

材料	30%变性剂	60%变性剂
0%变性剂	10 mL	4 mL
80%变性剂	6 mL	12 mL
TEMED	17.5 μL	17.5 μL
过硫酸铵（10%）	75 μL	75 μL

注：TEMED 是四乙基二乙胺，4 ℃冰箱保存，10%过硫酸铵溶液－20 ℃可保存使用一周。

2.1.8 DGGE 图谱分析

猪粪堆肥微生物 DNA 的 PCR-DGGE 指纹图谱分析采用Bio-Rad
公司的 Quantity One®（Bio-Rad Laboratories，Hercules，CA，USA）
分析软件进行，通过识别泳道，扣除背景强度，检测条带，匹配条带，
能够获得每个泳道的强度剖面和条带数，也可得到每个泳道之间的
相似度矩阵及聚类关系。

采用 Shannon 指数（H）来评价微生物群落多样性，其计算公
式为：

$$H = -\sum_{i=1}^{s} p_i \ln p_i$$

式中　p_i——第 i 个条带的强度与同泳道中所有条带总强度的
比值；

　　　s——每一泳道总的条带数。

2.2　结果与讨论

2.2.1　竹炭及竹醋液对猪粪堆肥过程温度变化及升温效果的影响

堆肥过程中，堆肥中的有机质在微生物的作用下用于微生物的
细胞合成，同时分解为 CO_2、水、有机酸和氨，在此过程中代谢产生大
量热量，促使物料温度上升。

堆体温度升高是微生物代谢产热累积的结果，反过来又决定了
微生物的代谢活性[55,73]。堆肥过程中，温度控制的目标是极大地使
堆肥无害化和稳定化，其变化反映了堆体内微生物的活性变化，能很
好地反映堆肥过程所达到的状态[55]。堆体温度的变化主要受通风
量、堆体比表面积及堆肥物料本身性质的影响[125]。根据堆肥温度

变化情况,堆肥化进程可划分为升温期、高温期和降温腐熟期 3 个阶段。

　　本研究中不同处理下堆体温度的变化如图 2-2 所示。由图 2-2可知,不同处理堆体温度变化均经历了升温期、高温期和降温腐熟期 3 个典型阶段,但对照处理和添加竹炭及竹炭＋竹醋液的处理相比,其升温期和高温期所持续时间明显不同。

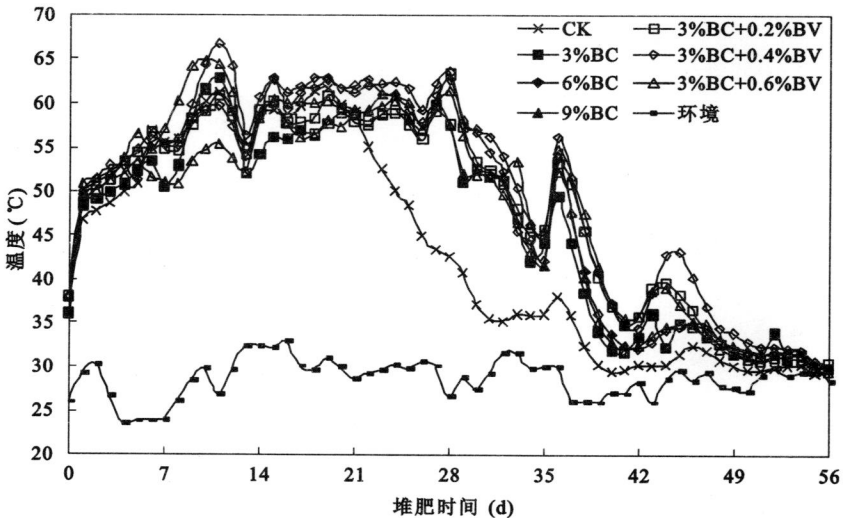

图 2-2　猪粪堆肥过程温度变化情况

　　不同处理堆体温度特性详见表 2-4。不同处理堆体温度超过50 ℃,即达到高温期所需时间不同。与对照处理相比,添加竹炭及竹炭＋竹醋液的处理可缩短到达高温期所需时间 24～72 h。已有研究表明,温度的快速上升有利于减少堆肥初期可能的厌氧发酵及恶臭气体的产生[211]。本研究中添加竹炭及竹炭＋竹醋液的各处理可缩短堆肥升温时间,这表明猪粪堆肥物料中添加竹炭及竹炭＋竹醋液有助于快速启动好氧堆肥反应,减少恶臭气体的产生。堆肥前期温度迅速升高还有利于杀灭发酵物料中的病原菌、寄生虫卵,消除对植物生长不利的有毒物质,使其达到无害化要求[91]。竹炭和竹炭＋竹醋液的添加能够提高堆肥前期发酵升温速度,加速堆肥发酵进程，从而有利于堆肥的快速腐熟。

表 2-4 不同处理堆体温度特性

处理	堆肥升温期时间（h）	堆肥高温期持续时间（h）
CK	96	504
3%BC	72	720
6%BC	24	768
9%BC	24	792
3%BC+0.2%BV	48	720
3%BC+0.4%BV	48	792
3%BC+0.6%BV	48	720

堆肥第 25 d，对照处理温度开始迅速下降至 50 ℃ 以下，进入降温腐熟期，但是图 2-7 所示相应的发芽指数测定表明，直至此后 10 d，堆肥的植物毒性还未丧失。而添加竹炭及竹炭＋竹醋液各处理直至第 33 d 温度才开始下降到 50 ℃ 以下，并且在第 35 d 后温度有短暂回升，持续 2 d 后开始回落进入降温腐熟期。发芽指数研究表明，第 35 d 时添加竹炭及竹炭＋竹醋液的堆肥处理已经达到腐熟。随着堆肥发酵的进行，各处理堆肥物料趋于稳定，温度回升的幅度变小，最终堆体温度稳定在 30 ℃ 左右，接近环境温度。温度是影响堆肥进程的重要因素之一，也是判定堆肥能否达到无害化要求的最重要指标之一。由表 2-4 中数据可知，与对照处理相比，添加竹炭及竹炭＋竹醋液各处理显著延长了堆肥高温期持续时间 216～288 h，高温期的延长有利于堆肥物料的无害化处理和堆肥物料脱水率的提高。

添加竹炭及竹炭＋竹醋液能够快速启动堆肥反应并维持较长的高温时间，其可能的原因是：一方面，竹炭是一种多孔性物质且富含多种微量元素，能够为微生物生长提供营养并加快繁殖，竹醋液富含多种营养物质，也能够促进堆肥微生物的生长，而微生物的快速生长繁殖促进了堆肥有机物质降解产热。另一方面，竹炭的多孔结构能够减少热量的损失,并且竹炭也是一种近似黑体的物质,吸收能量后能够释放远红外线产生热效应[212],竹炭的这些特性均有利于减少堆肥热量损失。

2.2.2　竹炭及竹醋液对猪粪堆肥过程物料含水率的影响

2.2.2.1　竹炭及竹醋液对猪粪堆肥过程含水率的影响

堆肥物料水分含量是堆肥过程中一个重要的环境参数。水分为微生物进行新陈代谢所需可溶性营养物质的传导提供介质,此外,水分蒸发时带走热量,起到调节堆肥温度的作用。好氧堆肥中,低的水分含量会因营养物质的传质阻力增大而抑制微生物的活性,而高的水分含量减少了堆体内的孔隙、增大了气体的传质阻力,易造成堆体局部厌氧。适当的含水率才有助于营养物质的转化,使其易被微生物利用。堆肥过程中,50%~65%的含水率最有利于微生物降解作用的发挥。本研究中,堆肥开始时物料含水率调节在65%左右(图2-3),各处理堆体温度均能够在4 d内升高至50 ℃,这表明该水分条件也是合适的。较高的堆肥初始含水率可以减少水分调节材料锯末的添加,降低堆肥成本。堆肥过程的含水率变化受两方面因素影响:一方面,因有机物的氧化分解产生水分而增加;另一方面,因通

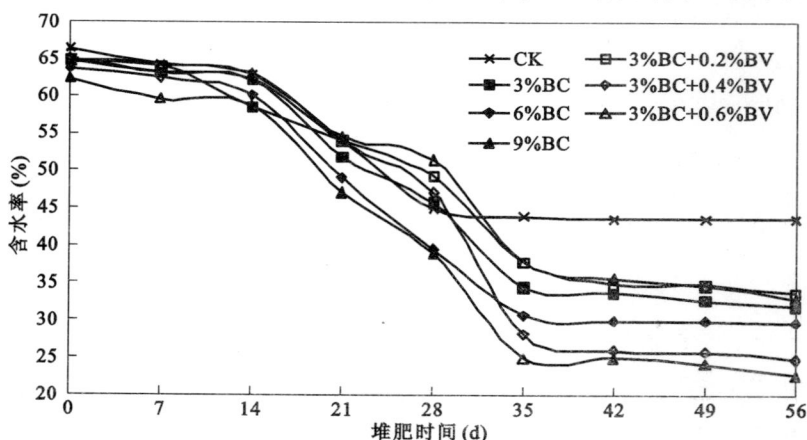

图 2-3　猪粪堆肥过程含水率变化情况

风作用以水蒸气的形式挥发而降低,含水率大小是二者综合影响的结果。堆肥 0～14 d 内各处理水分含量变化较小,可能是由于堆肥初期有机物强烈的氧化分解产生了较多的水分。堆肥反应第 28 d,对照处理其相应的水分含量和温度分别为 44.7％和 42.7 ℃,而添加 3％、6％和 9％竹炭的处理其相应的水分含量和温度范围分别为 38.9％～45.7％和 57.5～62.8 ℃,相比之下仅添加竹炭的处理在较低含水率(45％)下仍能保持较高的温度。这可能是由于竹炭的添加能够减少堆肥物料中水分的传质阻力,提高水分对微生物有效性,从而使微生物仍具有较高活性。

2.2.2.2 竹炭及竹醋液对猪粪堆肥过程脱水效果的影响

降低畜禽粪便含水率对于粪便的减容、贮藏、加工运输及使用十分重要,因此,脱水一直是畜禽粪便堆肥处理研究的热点。高湿畜禽粪便堆肥过程的减量化依赖于堆肥脱水效果[77],堆肥反应脱水率大小也是能否实现有机肥工厂化生产的重要指标之一[91]。

由图 2-4 可知,堆肥发酵过程中存在较强的脱水作用,尤其是高温阶段中后期(14～28 d),各处理堆肥物料的脱水效率迅速增加,35 d 时各处理物料的脱水率已达 60.4％～79.9％,并基本趋于稳定。高温阶段中后期温度的下降也是水分大量散失的体现,已有研究表明,堆肥高温期约 90％的热量通过水分蒸发的形式散失,进入堆体的空气经过堆体排入大气时能带走大量的水分。本研究中,堆肥过程的脱水作用主要发生在堆肥高温阶段中后期,而高温阶段前期脱水效果不明显,其原因可能是高温阶段前期有机物分解产生水分的速率与水分蒸发损失速率之间差异不大[88]。通过对各处理的高温期持续时间(堆体温度不低于 50 ℃持续时间)和最终脱水率的相关性分析发现($y = 13.109x - 261.56$,$R^2 = 0.939$。其中,y 为最终脱水率,x 为高温期持续时间),堆肥过程各处理的最终脱水率与高温期持续时间呈显著正相关。这表明本研究中不同处理在通风、翻堆条件基本一致的情况下,高温期持续时间的不同是造成各处理堆肥物料脱水率大小差异的主要原因,这与王卫平等[91]认为发酵温度高则脱水率高的结论相一致。与未添加竹炭的对照处理相比,添加竹炭及竹炭＋竹醋液的处理显著提高了堆肥物料最终脱水率11.3%～21.4%,其主要原因可能在于添加竹炭及竹炭＋竹醋液各处理高温期持续时间明显长于对照处理(表 2-4)。此外,竹炭的添加还可能增大了堆肥物料孔隙度,从而促进空气流通,更有利于水分散失。

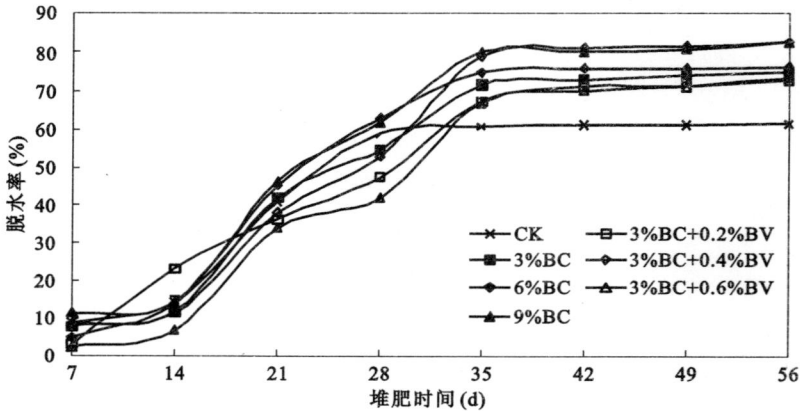

图 2-4 猪粪堆肥过程脱水率变化情况

2.2.3 竹炭及竹醋液对猪粪堆肥过程 pH 值的影响

pH 值是影响微生物生长的重要因素之一,一般微生物最适宜的 pH 值是中性或弱碱性[90],pH 值太高或太低都会使堆肥处理遇到困难。富含纤维素和蛋白质的物料堆肥的最佳 pH 值为 8 左右[91],徐灵等[213]研究认为 pH 值为 7～9 不会对微生物生长活动产生危害,且有利于堆肥顺利进行。因此,本研究中(图 2-5)堆肥物料初始 pH 值(7.93～8.01)比较适应微生物生长需求,无须在堆肥开始阶段进行 pH 值调节,而且在整个堆肥过程中,pH 值始终保持在7～9 之间,不影响堆肥微生物活动。堆肥过程中,pH 值的变化主要受有机物降解产生的有机酸和无机酸、氨化作用产生的氨及硝化作用产生的 H^+ 综合作用的影响[71,93,94]。

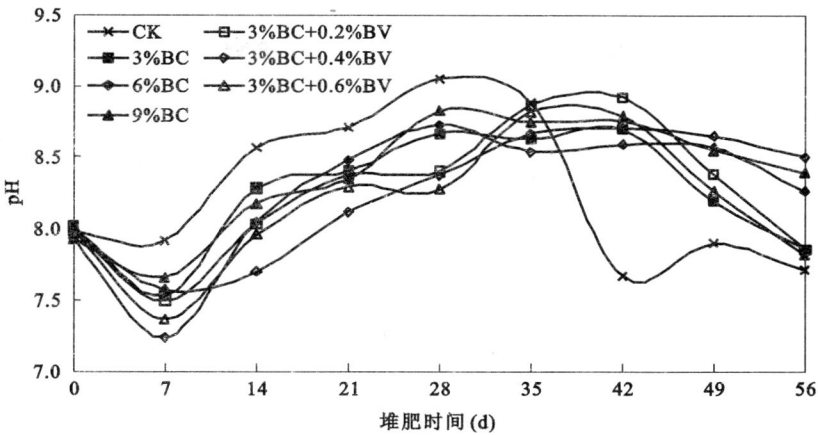

图 2-5 猪粪堆肥过程 pH 值变化情况

如图 2-5 所示,所有处理堆体 pH 值在第一周内均有所降低,这是由于堆肥初期物料降解产生的有机酸、无机酸多于氨化作用产生的氨造成的[93],并且堆肥中所添加的呈酸性的锯末也会降低堆肥初期物料 pH 值。第 7 d 后,所有处理的 pH 值开始升高,这是堆肥过程中含氮有机物降解所产生的氨[71]及最初产生的有机酸、无机酸的降解综合作用的结果[214]。

从第 7 d 至第 35 d,添加竹炭及竹炭＋竹醋液处理 pH 值相比对照处理下降了 0.2～0.7,其原因在于:一方面,竹炭的添加能够吸附更多的氨,使其难以溶解电离而提高 pH 值,而对照处理产生的氨则可能易于溶解电离而释放 OH^-;另一方面,竹醋液的添加能够中和氨而抑制 pH 值升高。适宜的 pH 值有利于保留堆肥物料中的有效成分。pH 值是影响堆肥氮素以氨气挥发形式损失的重要因素,pH 值＞7.5 时氨气挥发尤为强烈,高温期 pH 值较低有助于减少氨气挥发引起的氮素损失。

各处理降温期 pH 值有所下降,这可能是由于硝态氮形成并积累造成的[107],另外微生物活动产生的大量有机酸也会引起堆肥阶段后期 pH 值的降低[93]。堆肥结束后,各处理 CK、3％BC、6％BC、9％BC、3％BC＋0.2％BV、3％BC＋0.4％BV 和 3％BC＋0.6％BV

的 pH 值分别为 7.71、7.86、8.26、8.40、7.86、8.50、7.82。各处理 pH 值均在 8.5～9.0 之间,呈弱碱性,符合腐熟堆肥 pH 值应在 8～9 之间的标准[215]。并且,添加竹炭及竹炭＋竹醋液的堆肥在降温腐熟期的 pH 值均高于对照处理,这可能是由于更多的铵态氮被固持,且竹炭添加比例的增加能够提高 pH 值,适当比例竹醋液的添加更有利于腐熟堆肥 pH 值的提高。弱碱性堆肥的施用有利于提高土壤中阳离子交换能力,提高土壤肥力。因此,农田施用添加了竹炭及竹炭＋竹醋液的腐熟堆肥可能更有利于土壤肥力的提高。堆肥结束后较高的 pH 值还有利于堆肥重金属的钝化,减少堆肥农田施用生态风险。

2.2.4　竹炭及竹醋液对猪粪堆肥过程电导率的影响

电导率(EC)是衡量可溶性盐含量的指标,有机肥料的电导率与其可溶性盐含量呈正比。对于用作肥料的堆肥产品,其电导率不宜过大,否则会影响植物的正常生长。电导率值反映堆肥物料中盐基离子浓度,即堆肥中主要由有机酸盐类和无机盐等组成的可溶性盐含量,堆肥中的可溶性盐是堆肥对作物产生毒害作用的重要因素之一,因此,电导率值指示了堆肥土地施用后对植物生长可能具有的植物毒害或抑制效应[216]。由图 2-6 可知,所有处理堆肥物料的电导率值具有相同的变化趋势,即一周内从 $3.8 \ mS \cdot cm^{-1}$ 左右迅速升高到 $8.0 \ mS \cdot cm^{-1}$ 左右,而后逐渐下降直至趋于稳定,表明堆肥反应基本完成。堆肥初期电导率增加,可能是由于堆肥物料强烈分解产生的大量小分子有机酸、HCO_3^-、HSO_4^-、NH_4^+、H^+ 和磷酸盐等使 EC 值上升[206]。EC 值下降多由 CO_2 挥发、铵态氮转化为氨气挥发及磷酸盐沉淀所致[152]。本研究中,堆肥物料电导率与铵态氮的变化趋势类似,这是由于 NH_4^+ 是堆肥中主要的盐离子,其变化直接影响堆肥中 EC 的变化。

鲍士旦[217]根据土壤浸出液的电导率与盐分含量和作物生长的

关系,得出抑制作物生长的限定电导率值为 4 mS·cm^{-1},堆肥结束后,各处理 CK、3%BC、6%BC、9%BC、3%BC+0.2%BV、3%BC+0.4%BV 和 3%BC+0.6%BV 的电导率分别是 4.6 mS·cm^{-1}、4.3 mS·cm^{-1}、3.5 mS·cm^{-1}、3.6 mS·cm^{-1}、4.3 mS·cm^{-1}、3.9 mS·cm^{-1}和 4.3 mS·cm^{-1},相比对照处理,添加了竹炭及竹炭+竹醋液的处理电导率值减少 0.3~1.1 mS·cm^{-1}。添加了 6%和 9%竹炭及 3%竹炭+0.4%竹醋液的猪粪堆肥的电导率均低于 4 mS·cm^{-1},这表明与对照处理相比,竹炭及竹炭+竹醋液的添加有利于降低堆肥产品的电导率,电导率的降低可减轻堆肥农田施用对植物可能造成的危害。

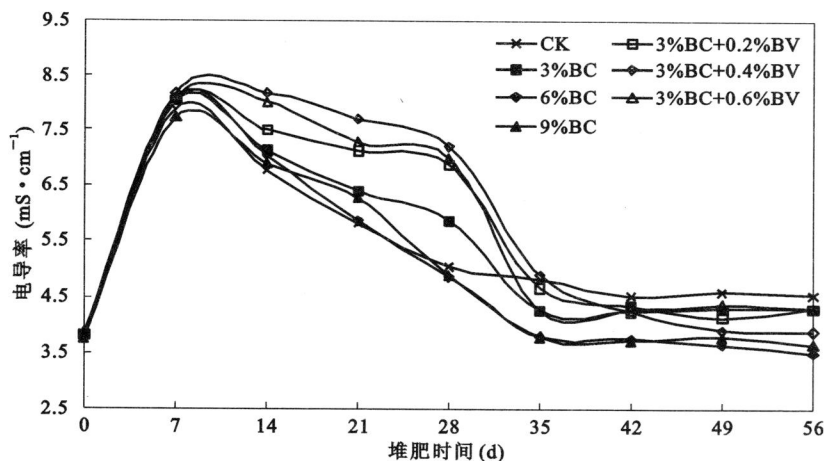

图 2-6 猪粪堆肥过程电导率变化情况

2.2.5 竹炭及竹醋液对猪粪堆肥过程 *GI* 的影响

堆肥过程中有机物经降解产生很多中间产物,未腐熟堆肥中富含低分子量的有机酸、多酚等抑制植物生长的物质,而这些物质随着堆肥的进程逐渐被转化或消失。由于堆肥腐熟度受到很多因素的综合影响,因此,应用不同的方法评价腐熟度时往往会得到不同的结果,单个参数评价只能片面地反映某个因素的作用,不能直接反映对植物生长特性的影响[94]。通过植物种子发芽试验,能够快速地测定出植物抑制物质的降解情况,目前种子发芽指数(GI)已被公认为是评价有机固体废弃物腐熟度的有效指标[73],GI 值可综合反映堆肥样品的低毒性(影响根长)或高毒性(影响发芽)[95]。

本研究中,如图 2-7 所示,所有处理的发芽指数在前 3 周内接近于 0,这是由于堆肥初期氨及乙酸等低分子量挥发性脂肪酸累积带来了毒性[96,97]。从第 3 周开始发芽指数逐步增加,到第 35 d 时除对照处理发芽指数低于 50％以外,其他处理均远大于 50％。堆肥物料发芽指数介于 50％~70％时,可被视为低植物毒性和已经腐熟,所以除对照处理以外,各处理在第 35 d 时均可认为已经腐熟和植物毒性消失,而对照处理在第 42 d 时才能达到腐熟和植物毒性消失,这可能是对照处理过高的电导率值造成的[209],也可能是堆肥中 Cu、Zn 生物有效性较高所致。腐熟期是堆料较好除去生物毒性的必需阶段,本研究进入腐熟阶段以后,各处理的发芽指数均呈增加趋势,也证实了这一结论。堆肥结束后,各处理 CK、3％BC、6％BC、9％BC、3％BC+0.2％BV、3％BC+0.4％BV 和 3％BC+0.6％BV 的发芽指数分别为 70.6％、84.0％、131.2％、137.3％、88.4％、147.8％

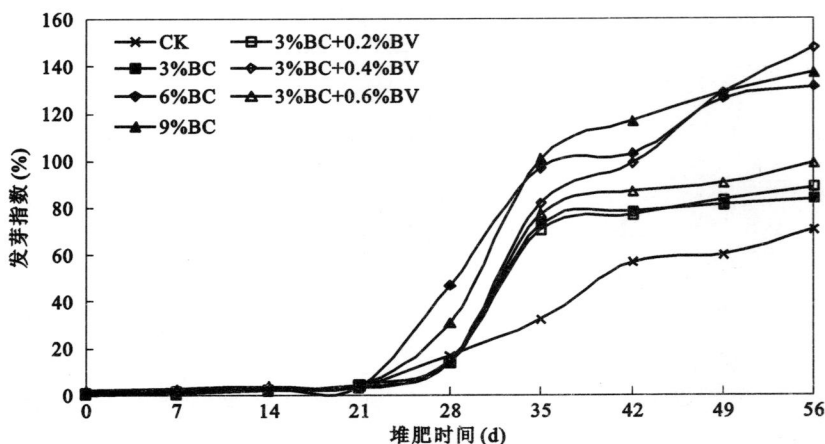

图 2-7　猪粪堆肥过程发芽指数变化情况

和98.9％。添加竹炭及竹炭＋竹醋液处理发芽指数显著增加13.4％～77.8％，其中，添加了6％和9％竹炭及3％竹炭＋0.4％竹醋液的处理的发芽指数均大于100％,这表明其腐熟的堆肥产品对于根系的生长不但无抑制作用,还起到了一定的促进作用[214]。

2.2.6　竹炭及竹醋液对猪粪堆肥过程微生物多样性的影响

2.2.6.1　堆肥样品总DNA的提取和PCR扩增评价

DNA提取是进行微生物群落结构动态分析的关键步骤,提取的纯度影响后续的PCR扩增和多态性分析,提取不完整则会造成微生物种群多样性的流失。将提取到的总DNA通过0.8％的琼脂糖凝胶电泳检验,发现所有样品的总DNA均在大于19 kb处出现很亮的条带(图2-8),表明已获得较长片段的微生物总DNA适合微生物16S rDNA分析。将提取出的总DNA进行16S rDNA片段PCR扩增,扩增产物用1.2％的琼脂糖凝胶电泳检验,均获得特异性扩增片段,大小约250 bp,为16S rDNA基因V3区片段(图2-9)。

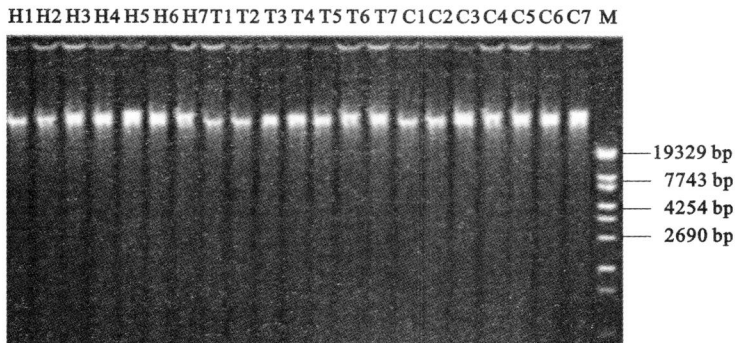

图 2-8　堆肥样品总DNA的琼脂糖凝胶电泳图谱

[H、T和C分别代表堆肥过程的升温期(Heating)、高温期(Thermophilic)和降温腐熟期(Cooling);
编号1～7分别代表7个堆肥处理:CK、3％BC、6％BC、9％BC、3％BC＋0.2％BV、
3％BC＋0.4％BV、3％BC＋0.6％BV]

2.2.6.2　堆肥过程中微生物群落多样性的演替规律

PCR-DGGE技术较为重要的优势是重现性好、可以同时分析多

M H1 H2 H3 H4 H5 H6 H7 T1 T2 T3 T4 T5 T6 T7 C1 C2 C3 C4 C5 C6 C7 Ne

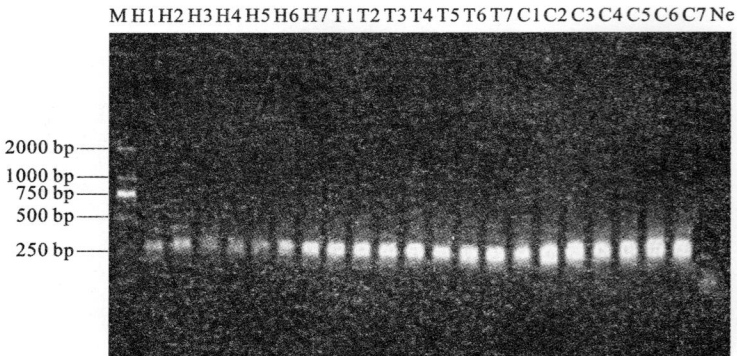

图 2-9　堆肥微生物的 16S rDNA 基因 V3 区 PCR 扩增产物琼脂糖凝胶电泳图谱

[Ne：阴性对照，H、T 和 C 分别代表堆肥过程的升温期（Heating）、高温期（Thermophilic）

和降温腐熟期（Cooling）；编号 1～7 分别代表 7 个堆肥处理：CK、3％BC、6％BC、

9％BC、3％BC+0.2％BV、3％BC+0.4％BV、3％BC+0.6％BV]

个样品，能够有效检测环境微生物群落的动态变化。DGGE 指纹图谱上每个条带很可能就代表一个不同的微生物物种，所以，DGGE带谱中条带的数量即反映出微生物群落中优势类群的数量。根据DGGE 指纹图谱上条带的数目、强度和位置能够从 DNA 水平上很好的解析堆肥过程三个时期（升温期、高温期和降温腐熟期）微生物群落结构及多样性的演替规律。由 DGGE 指纹图谱[图 2-10（a）]可以看出，猪粪堆肥过程三个时期（升温期、高温期和降温腐熟期）的样品细菌的 16S rDNA 片段通过 DGGE 均被分离为若干条带，根据16S rDNA片段所出现的条带数目和在胶上迁移的位置可知，一些条带在所有样品的 DGGE 指纹图谱上都存在，但还有一些不能用肉眼分辨的条带也同时存在，表明猪粪堆肥样品的微生物群落组成比较复杂。从堆肥升温期、高温期到降温腐熟期，一些条带消失而一些条带变强，并且一些条带为不同堆肥时期、不同堆肥处理所特有，这表明随着猪粪堆肥化过程，微生物群落发生较大变化，一些微生物种类因不能适应一些堆肥环境而逐渐被淘汰，而另一些微生物种类因能适应或忍耐改变的环境而成为优势种群。运用 Bio-Rad 公司的Quantity One®图像分析软件对 DGGE 指纹图谱上条带进行识别，由

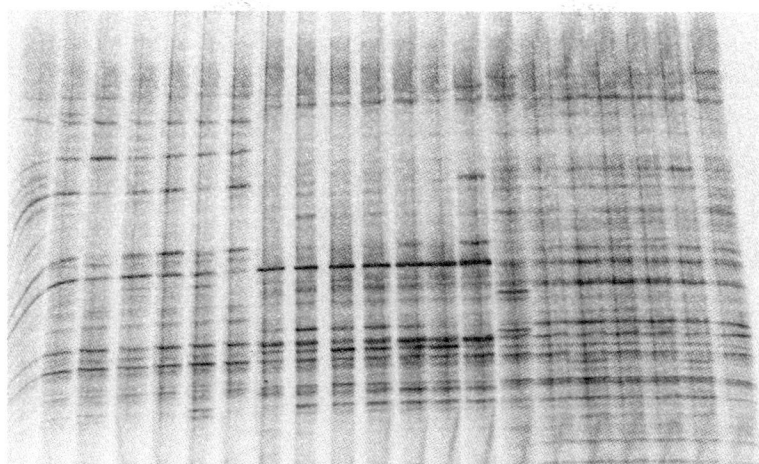

H1 H2 H3 H4 H5 H6 H7 T1 T2 T3 T4 T5 T6 T7 C1 C2 C3 C4 C5 C6 C7

(a)

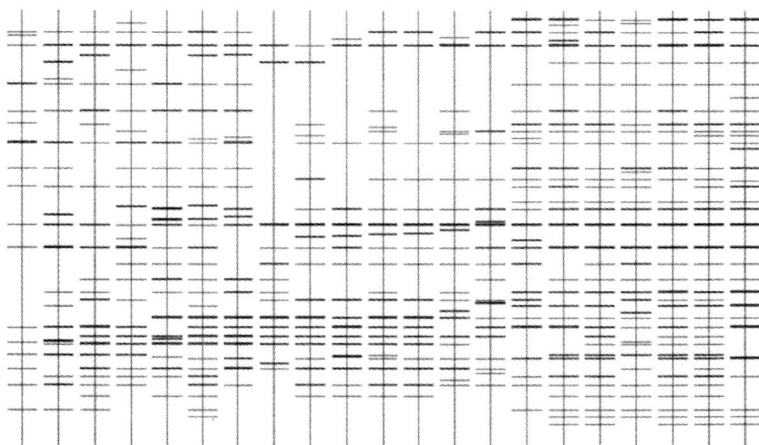

H1 H2 H3 H4 H5 H6 H7 T1 T2 T3 T4 T5 T6 T7 C1 C2 C3 C4 C5 C6 C7

(b)

图 2-10　堆肥微生物 16S rDNA 片段的 DGGE 图谱及条带模式图

（a）DGGE 图谱；（b）条带模式图

[H、T 和 C 分别代表堆肥过程的升温期（Heating）、高温期（Thermophilic）和降温腐熟期（Cooling）；

编号 1～7 分别代表 7 个堆肥处理：CK、3%BC、6%BC、9%BC、3%BC+0.2%BV、

3%BC+0.4%BV、3%BC+0.6%BV]

获得的条带模式图[图 2-10(b)]可知,所有样品均检测到 17～36 个条带,并且每个堆肥处理在堆肥的三个不同阶段的条带数量均发生较大变化。DGGE 图谱及条带模式图均表明了猪粪堆肥过程的不同时期微生物群落结构的多样性和群落组成的巨大差异。猪粪堆肥升温期微生物种类较多,种群分布比较均匀,种群优势不是很明显;随着堆肥的进行,高温期微生物种类明显减少,存在一些优势种群;而之后的堆肥降温腐熟期微生物种类明显增多,种群分布非常均匀。

　　评价微生物群落多样性最常用的指数是 Shannon 指数,它是研究微生物群落物种丰富度和分布均匀程度的综合指标。Shannon 指数越高表示微生物群落多样性越高。Shannon 指数分析结果如图 2-11 所示,添加竹炭及竹炭＋竹醋液的各处理在堆肥的升温期、高温期及降温腐熟期的 Shannon 指数均高于对照处理,表明竹炭及竹炭＋竹醋液的添加能够使更多种类的微生物在猪粪堆肥环境中生长繁殖,提高了猪粪堆肥过程及堆肥产品的微生物群落多样性。也有一些研究者发现生物质炭能够对微生物群落多样性产生影响。例如,Zackrisson 等[218]的研究表明,生物质炭具有显著提高土壤微生物群落多样性及生物学活性的生态功能。Pietikäinen 等[219]的研究发现,生物质炭能够提高温带森林土壤微生物的生长繁殖速率。Steiner 等[220]的研究结果则表明,生物质炭与无机肥料的配合施用能够提高高度风化土壤环境中的微生物生长速率。这和我们的研究结果一致。竹炭对微生物群落多样性产生影响的主要原因可能是竹炭是一种多孔性材料,能够为微生物提供较大表面积的多孔性疏水环境,改善微生物的附着性能,有利于微生物的定殖和生长。另外,竹炭富含对微生物生长有益的营养成分和微量元素,可以促进微生物生长速率的提高。目前,有关竹醋液对微生物群落多样性产生影响的报道较少,其机理有待进一步研究。

　　微生物群落多样性的提高对于改善猪粪堆肥产品的品质及其土地资源化利用效果具有积极意义。土壤微生物群落多样性影响土壤

生态系统的结构、功能及过程,可作为衡量土壤质量及评价土壤生态
系统可持续性的重要生物学指标,也是评价自然或人为干扰引起土
壤质量变化的重要指标。猪粪经过堆肥化处理,尤其是添加竹炭及
竹炭＋竹醋液的猪粪堆肥化处理,其堆肥产品微生物多样性丰富,施
入土壤后,能更好地提高土壤微生物多样性,从而有利于从根本上提
高土壤健康质量,增强土壤肥力,在微生物生态水平上抑制土传病
害,促进农业增产,保障产品质量。因此,猪粪中添加竹炭及竹炭＋
竹醋液进行堆肥化处理,能够更好地改善猪粪堆肥产品品质及其土
地资源化利用效果。

从图 2-11 也可以看出,在猪粪堆肥过程中,添加竹炭及竹炭＋
竹醋液的处理及对照处理的 Shannon 指数均表现为:升温期到高温
期呈现下降趋势,高温期到降温腐熟期呈现上升趋势。在升温期,堆
体基本呈中温,存在比较丰富的微生物种群,而随着堆肥反应的进
行,一些小分子的有机酸和一些有毒的代谢产物逐渐积累,更主要是
由于易降解有机物的分解代谢使得反应体系温度不断上升。堆肥达
到高温期时,有相当一部分微生物种群因不适应高温环境而消亡,使
得原本占优势的嗜温菌生长受到抑制而大量死亡,嗜热菌成为优势
菌群,微生物多样性降低。堆肥进入降温腐熟期,嗜温菌生长开始活
跃,新的优势种群形成,微生物群落多样性也相应提高。

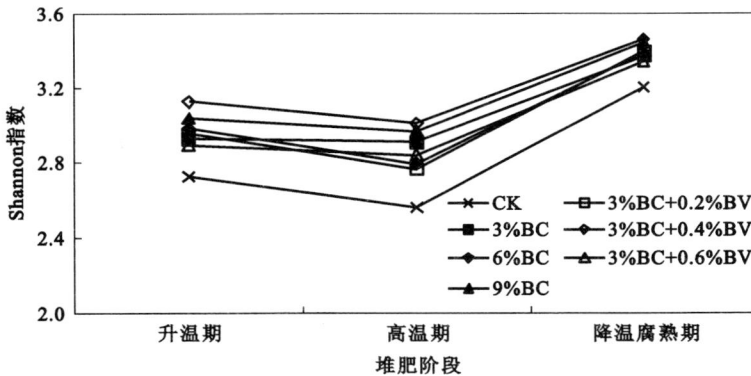

图 2-11 基于 DGGE 方法测定的堆肥微生物群落 Shannon 指数

2.2.6.3 堆肥过程中微生物 16S rDNA 片段 DGGE 指纹图谱聚类分析

DGGE 指纹图谱可以作为一个多元变量数据,因此可以采用多元变量的统计学方法对不同微生物群落样品的 DGGE 结果进行分析,研究不同样品微生物群落之间的相互关系。目前,凝聚分层聚类分析中的非加权算术平均法(UPGAMA)是解读 DGGE 图谱应用较多的多元统计分析方法[221]。本研究根据戴斯系数(Dice coefficient)法计算出各样品间的相似度矩阵(表 2-5)发现,在三个堆肥时期,相似度表现出相似的规律:对照处理与添加竹炭及竹醋液的各处理之间的相似度,均低于添加竹炭及竹炭+竹醋液各处理之间的相似度。并且,猪粪堆肥化过程的同一阶段不同处理间的相似度高于各处理在不同堆肥阶段的相似度。

运用 Bio-Rad 公司的 Quantity One®图像分析软件对 DGGE 指纹图谱采用非加权算术平均法(UPGAMA)进行聚类分析(图 2-12),其中 21 个样品共分为 4 类,未添加竹炭及竹醋液的对照处理在升温期为一类(H1);添加有竹炭及竹炭+竹醋液的堆肥处理在升温期为一类(H2~H7);7 个堆肥处理在高温期(T1~T7)和降温腐熟期(C1~C7)分别是另外两类。若把每一堆肥时期的 7 个堆肥处理再分为两类,则是添加竹炭及竹炭+竹醋液的堆肥处理与各自的对照处理,其微生物群落结构分为明显不同的两类。这些结果进一步证明,每个堆肥处理在堆肥化过程中,由升温期到高温期,再到降温腐熟期,微生物的群落结构均发生了较大的变化。而在同一堆肥时期,竹炭及竹炭+竹醋液的添加均对猪粪堆肥微生物群落结构产生较大的影响。

表 2-5 从 DGGE 剖面所得堆肥微生物群落相似度矩阵

Lane	H1	H2	H3	H4	H5	H6	H7	T1	T2	T3	T4	T5	T6	T7	C1	C2	C3	C4	C5	C6	C7
H1	100	33	29	35	39	28	33	20	23	27	23	22	22	18	36	26	27	27	26	29	29
H2	33	100	56	63	51	49	41	31	35	42	41	36	28	36	50	45	56	54	53	51	44
H3	29	56	100	65	51	65	54	38	47	56	53	50	36	43	50	44	48	50	48	49	39
H4	35	63	65	100	52	59	49	42	42	53	53	49	43	43	52	46	48	54	53	54	41
H5	39	51	51	52	100	62	68	43	43	46	48	51	44	47	42	36	37	43	40	43	36
H6	28	49	65	59	62	100	70	46	55	48	58	60	47	49	37	42	43	51	44	49	37
H7	33	41	54	49	68	70	100	42	50	44	51	55	45	44	39	39	43	46	42	45	40
T1	20	31	38	42	43	46	42	100	54	61	66	67	62	54	45	47	39	50	44	49	41
T2	23	35	47	42	43	55	50	54	100	72	80	82	65	66	43	47	36	46	43	44	35
T3	27	42	56	53	46	48	44	61	72	100	79	76	67	65	50	48	40	46	42	44	37
T4	23	41	53	53	48	58	51	66	80	79	100	89	74	65	48	54	41	53	48	51	40
T5	22	36	50	49	51	60	55	67	82	76	89	100	73	68	48	48	36	48	43	46	36
T6	22	28	36	43	44	47	45	62	65	67	74	73	100	60	42	38	32	41	36	42	31
T7	18	36	43	43	47	49	44	54	66	65	65	68	60	100	46	39	34	45	40	43	35
C1	36	50	50	52	42	37	39	45	43	50	48	48	42	46	100	60	66	70	69	70	58
C2	26	45	44	46	36	42	39	47	47	48	54	48	38	39	60	100	71	69	73	68	74
C3	27	56	48	48	37	43	43	39	36	40	41	36	32	34	66	71	100	82	86	80	78
C4	27	54	50	54	43	51	46	50	46	46	53	48	41	45	70	69	82	100	84	80	73
C5	26	53	48	53	40	44	42	44	43	42	48	43	36	40	69	73	86	84	100	90	77
C6	29	51	49	54	43	49	45	49	44	44	51	46	42	43	70	68	80	80	90	100	72
C7	29	44	39	41	36	37	40	41	35	37	40	36	31	35	58	74	78	73	77	72	100

注:1. H,T 和 C 分别代表堆肥化过程的升温期(Heating)、高温期(Thermophilic)和降温腐熟期(Cooling)。
2. 编号 1~7 分别代表 7 个堆肥处理:CK,3%BC,6%BC,9%BC,3%BC+0.2%BV,3%BC+0.4%BV,3%BC+0.6%BV。

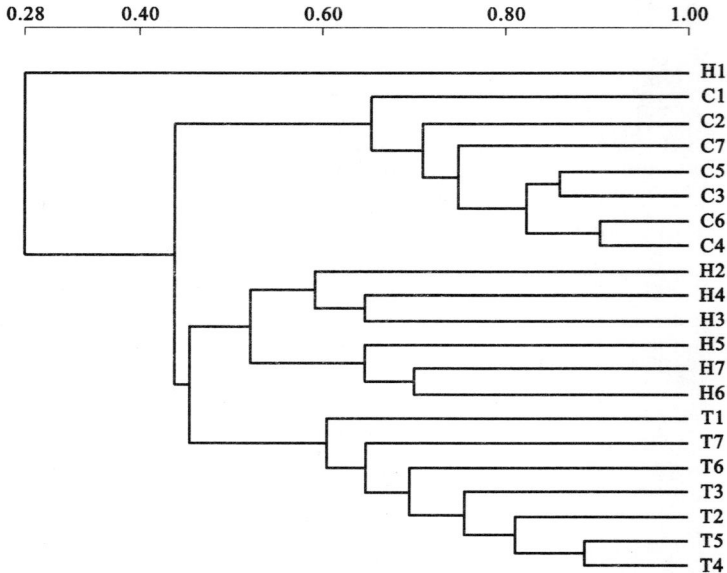

图 2-12　堆肥微生物 16S rDNA 片段的 DGGE 指纹图谱聚类分析

[H、T 和 C 分别代表堆肥过程的升温期(Heating)、高温期(Thermophilic)和
降温腐熟期(Cooling);编号 1～7 分别代表 7 个堆肥处理:CK、3%BC、6%BC、
9%BC、3%BC+0.2%BV、3%BC+0.4%BV、3%BC+0.6%BV]

2.3　本章小结

（1）与对照处理相比,添加竹炭和竹炭＋竹醋液能够快速启动堆肥反应,缩短堆肥升温时间 24～72 h,延长高温期持续时间 216～288 h,从而促进物料水分散失,显著提高物料脱水率11.3%～21.4%。

（2）与对照处理相比,添加竹炭和竹炭＋竹醋液不仅可降低堆肥高温期的 pH 值,有效遏制氨气挥发,而且可降低堆肥降温腐熟期电导率,并显著提高种子发芽指数 13.4%～77.8%。

（3）猪粪堆肥化过程中,微生物群落多样性发生了较大变化,即从升温期到高温期多样性趋向单一,从高温期到降温腐熟期多样性趋向丰富;添加竹炭和竹炭＋竹醋液能够丰富堆肥产品的微生物群落多样性。

3 竹炭及竹醋液对猪粪堆肥过程氮素损失控制及磷素活化的影响

氮素是有机固体废弃物堆肥化处理过程中影响堆肥进程及堆肥质量的一个重要因素,也是堆肥中植物必需的营养元素之一,然而,高温堆肥过程普遍存在的氮素损失却使氮素成为堆肥过程中的一种污染物。畜禽粪便堆肥过程中氮素损失可高达 77%[99],可能有 3 个主要途径:堆体高温高 pH 值造成的氨气挥发、水溶性含氮成分随堆体渗滤液流失、局部缺氧条件下硝态氮反硝化引起的氮素损失,其中,氨气挥发损失是氮素损失的主要途径[222]。氮素损失不仅减少堆肥氮素含量,而且污染大气、危害人畜健康、腐蚀设备、造成酸雨和水体富营养化[42,43]。因此,近年来,堆肥氮素损失控制技术一直是堆肥领域的研究热点之一。畜禽粪便堆肥过程可通过调节碳氮代谢、改变氮素存在形态、添加 NH_3 吸附剂及调控通风与控温等途径减少堆肥氮素损失[222]。调理剂和吸附剂的添加是减少堆肥氮素损失的重要措施,常用的调理剂和吸附剂,如农作物秸秆、硫酸铝盐、沸石等,虽然有较好保氮效果,但也有研究指出,此类保氮材料在可再生性、成本及对堆肥质量影响等方面有一定局限性[1,2,120]。因此,畜禽粪便堆肥过程中仍需要加强氮素损失控制方面的研究,以减少氮素损失、降低堆肥过程污染和提高堆肥品质。

生猪饲料中植酸磷难以被猪消化吸收而多随粪便排出[10],因此,猪粪堆肥农田施用可提供大量磷素。然而,土壤对磷素的固定作用往往导致其有效性降低,我国农田磷肥当季利用率仅为 10%~25%,成为作物产量的重要限制因子。磷素被土壤固定既降低肥料利用率,又带来随径流流失和淋溶损失的风险,特别是猪粪的大量施用更易带来磷素污染风险。磷素对植物的有效性同其形态密切相关,如堆肥中有机磷可通过磷酸水解酶降解,释放出植物可直接利用的无机磷,而且有机磷不易被固定,植物利用率高,肥效更好[223],有效磷则代表了可被当季作物直接利用的磷[213]。因此,研究堆肥中不同形态磷素的变化情况对于提高堆肥磷素利用率具有重要意义。

竹子属可再生资源,因此,竹炭也可视为一种可再生资源。竹炭具有优异的吸附特性,已有研究表明,竹炭对水中的 NO_3^-、NH_4^+ 具有很好的吸附效果[224,225]。此外,竹炭的施用可以提高土壤磷含量和促进植物对磷素的吸收[183,226]。竹醋液是竹炭生产的副产品,具有促进微生物增殖的效果,可用作堆肥发酵促进剂,其主要成分是有机酸,呈酸性,可吸收氨气减少堆肥氮素损失[122]。然而,目前还未有研究者利用竹炭+竹醋液这种吸附物质(竹炭)和酸性物质(竹醋液)的复合体作为堆肥添加材料研究其对氮素损失的影响。

本研究通过好氧堆肥,研究了竹炭及竹炭+竹醋液的添加对猪粪堆肥氮素损失控制及磷素活化的影响,并结合竹炭及竹醋液性质,分析其对氮素损失控制及磷素活化的可能机理,为开发具有可再生性、安全、经济、新型的猪粪堆肥保氮材料和提高堆肥磷素生物有效性提供参考。

3.1　研究材料与方法

3.1.1　研究材料

与第 2 章一致。堆肥原料氮、磷等指标如表 3-1 所示。

表 3-1　堆肥原料氮磷含量

参数	猪粪	锯末	腐熟猪粪堆肥
含水率(%)	70.1	15.1	35.7

参数	猪粪	锯末	腐熟猪粪堆肥
总氮(%)	2.90	0.14	2.09
总磷(%)	1.29	0.02	2.71
C/N	12.9	409.9	16.3

3.1.2　研究设计及采样方法

与第 2 章一致。

3.1.3　样品指标分析方法

铵态氮和硝态氮的测定:采用新鲜堆肥样品按固液比 1∶10（w/v，以干重计）加入 2.0 mol·L^{-1} KCl 溶液，振荡浸提 30 min，5000 r·min^{-1} 离心后，取上清液测定 NH_4^+-N、NO_3^--N[227]。

全氮的测定:鲜样风干后，粉碎过 1 mm 筛，采用 H_2SO_4-H_2O_2 消煮、凯氏定氮法测定全氮含量[227]。有机态氮采用凯氏氮减去铵态氮得到[228]。

灰分的测定:风干样品在马弗炉中 550 ℃ 灼烧 8 h 后测定其质量。

氮素损失率（N_{loss}）的计算利用如下公式[229]:

$$N_{loss} = 100 - 100\frac{X_1 N_2}{X_2 N_1}$$

式中　X_1、X_2——初始阶段和不同采样时期灰分含量（%）；

　　　N_1、N_2——初始阶段和不同采样时期总氮含量（%）。

磷素的测定:全磷含量采用 H_2SO_4-H_2O_2 消煮、钒钼黄比色法测定（NY/T 298—1995）；有效磷采用柠檬酸浸提-钒钼黄比色法（NY/T 300—1995）；有机磷采用灼烧-硫酸浸提差减法[217]。

3.2　结果与讨论

3.2.1　猪粪堆肥过程铵态氮含量变化

堆肥物料中铵态氮的产生和转化趋势主要取决于温度、pH 值及氨化细菌和硝化细菌活性。因此，铵态氮的转化或在高温、高 pH 值作用下以氨气形式挥发，或通过硝化细菌作用转化为亚硝态氮和硝态氮，或经过细胞质的合成作用转化为小分子可溶性有机氮，究竟如何转化主要依赖于堆肥环境条件[223,230]。

本研究中，猪粪堆肥各处理的铵态氮含量在 0～14 d 内快速增加并达到最大值，而后迅速下降（图 3-1）。在猪粪堆肥的升温期及高温期，pH 值较高，氨化作用占主导[48]。因此，铵态氮含量的增加主要是由含氮有机物的氨化作用引起，有机氮在微生物酶的作用下通过氨化作用转化为简单的含氮有机物，再转化为氨气，由于堆料的含水率较高，生成的氨气则主要溶于水，以铵态氮的形式存在于堆料中，使铵态氮的含量不断增加[127]。

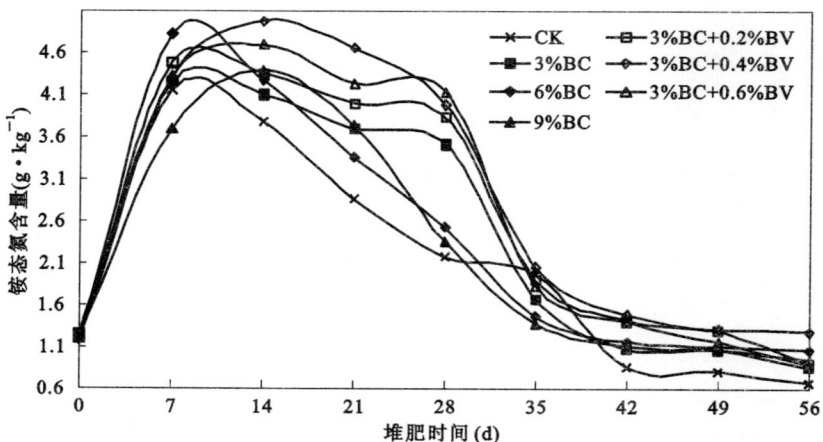

图 3-1　猪粪堆肥过程铵态氮含量变化

　　所有处理的铵态氮含量高峰均出现在高温前期(7~14 d),这是高氨化速率及有机氮快速矿化的体现[231]。因此,控制高温期氨气挥发损失是控制氮素损失的关键。添加竹炭及竹炭＋竹醋液各处理的高温期铵态氮含量高于对照处理,这可能是由于竹炭及竹炭＋竹醋液吸收了更多的氨气或铵态氮,减少了氮素损失。

　　堆肥第 14 d 以后,即堆肥高温阶段中后期,各处理铵态氮含量均持续下降。堆肥物料铵态氮含量的降低可能是氨气挥发损失、转化为硝态氮或被微生物固定为有机氮所致[1,95,232]。本研究中,对照处理及其他处理铵态氮含量降低的原因可能有所不同,这是由于竹炭对氨气和铵态氮均有很好的吸附性[224,225],而且竹醋液所含的各种有机酸对氨气也有吸收作用,所以,对照处理铵态氮含量的降低可能主要是氨气挥发损失所致,而添加竹炭及竹炭＋竹醋液各处理铵态氮含量的降低可能主要是其转化为硝态氮或有机氮所致(图 3-2、图 3-3)。铵态氮含量的降低是堆肥腐熟的体现,Zucconi 等[210]研究认为堆肥物料铵态氮含量低于 400 mg·kg^{-1}时可视为堆肥已经腐熟。然而,不同物料的铵态氮含量相差较大,很难用其绝对数量来描述堆肥的腐熟程度[138]。本研究中,虽然堆肥结束时各处理堆肥物料铵态氮含量均大于 400 mg·kg^{-1},但其发芽指数的测定结果表明,各处理堆肥物料已经完全腐熟。因此,本研究中,铵态氮的含量不适合作为堆肥腐熟度评价的指标。

3.2.2　猪粪堆肥过程硝态氮含量变化

　　堆肥过程中硝化作用主要受温度和铵态氮含量影响。堆肥高温期硝化反应表现为温度控制,硝化细菌属于嗜温菌,对高温尤其敏感,一般认为温度高于 40 ℃时,硝化作用将受严重抑制,而堆肥降温腐熟期硝化作用表现为受铵态氮含量供应控制[228]。硝化过程除受温度及铵态氮含量等参数影响外,还受氧气供应影响。袁守军等[233]研究认为,堆肥物料硝态氮含量主要取决于好氧硝化和厌氧反硝化速率之差。本研究采用好氧堆肥,因此堆肥物料中硝化作用占绝对优势,硝态氮含量主要取决于硝化速率。

　　本研究中,各处理硝态氮含量在堆肥升温期及高温期较低,降温腐熟期硝态氮含量迅速增加(图 3-2)。不同堆肥时期硝态氮含量变化较大,这是由于堆肥升温期,有机氮在微生物的作用下主要被转化为氨气以铵态氮形态存在;而高温期,高温、高 pH 值和高浓度氨气抑制了硝化微生物活性,硝态氮难以增加[209];堆肥降温腐熟期,堆体温度下降,硝化微生物活性增强[232]。堆肥后期添加竹炭及竹炭＋竹醋液各处理硝态氮含量大幅上升,而对照处理硝态氮增加较少,这可能是由于降温腐熟期对照处理铵态氮含量低,限制了硝化反应进行[233]。以上结果表明,竹炭及竹炭＋竹醋液的添加有利于堆肥结束时铵态氮向硝态氮的转化。杨国义等[138]研究认为,堆肥铵态氮的减少可减轻其对植物的毒害作用,提高堆肥品质。据此推测,竹炭及竹炭＋竹醋液的添加有利于堆肥物料铵态氮向硝态氮的转化和促进堆肥物料的快速腐熟。

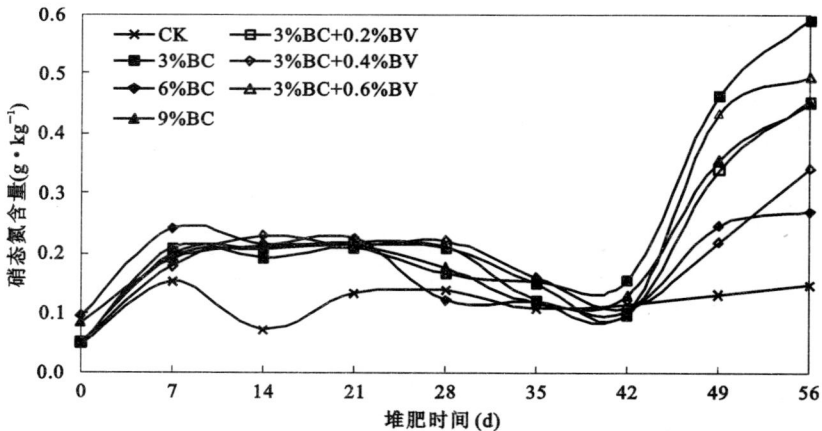

图 3-2　猪粪堆肥过程硝态氮含量变化

3.2.3　猪粪堆肥过程有机氮含量变化

　　堆肥中有机氮主要分布在不同的微生物群落和腐殖质库中,有机氮是堆肥中氮素的主要组成部分,有机氮变化主要是受含氮有机物的氧化和微生物自身的氧化、还原、合成等生命活动的影响[75]。

堆肥中有机氮和铵态氮直接存在相互转化,有机氮可通过氨化作用转化为铵态氮,铵态氮可经过细胞质的合成作用转化为小分子可溶性有机氮[230]。本研究中,堆肥过程中各处理有机氮含量的变化趋势和铵态氮大体相反,呈先减少而后增加的趋势。堆肥初期,猪粪堆肥物料各处理中氮素形态以有机氮为主,这与已有研究结论相一致[96,224]。堆肥高温阶段有机氮含量降低,是其通过氨化作用先转化为氨气而后溶于堆肥溶液形成铵态氮所致,图 3-3 中有机氮含量的减少与图 3-1 中铵态氮含量的增加相吻合。堆肥降温腐熟期有机氮含量的增加可能有两个原因:一是铵态氮转化为有机氮而被同化固定,二是堆肥过程中有机物的矿化分解、二氧化碳的损失及物料水分的蒸发引起干物质减少而带来"浓缩效应"[73,234]。由图 3-3 和图 3-4数据比较可知,堆肥结束后,有机氮重新成为堆肥氮素的主要形态,但不同于堆肥初期以非水溶性大分子含氮有机物形态存在的有机氮,堆肥后期有机氮主要是植物容易吸收的小分子可溶性有机氮[230]。添加竹炭及竹炭+竹醋液对堆肥后期有机氮的形成有一定的促进作用,有机氮的形成有利于降低堆肥农田施用后氮素的淋溶损失风险。

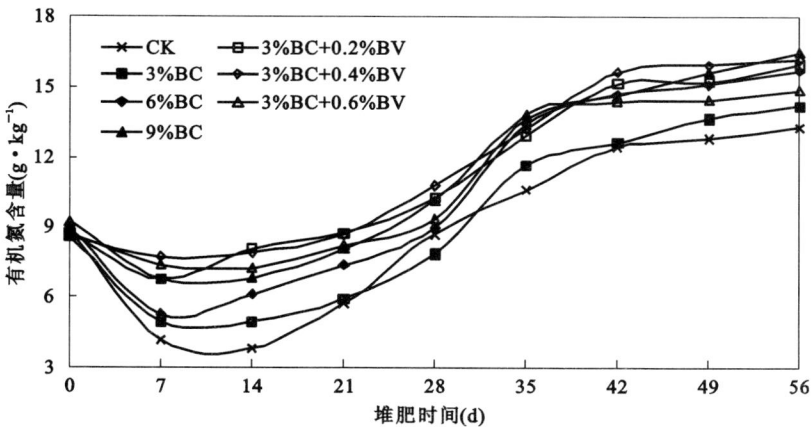

图3-3 猪粪堆肥过程有机氮含量变化

3.2.4　猪粪堆肥过程总氮含量变化

总氮是所有形态氮元素含量之和,其变化趋势为所有形态氮元素变化规律的叠加。因此,影响总氮变化规律的因素较多。

本研究中,堆肥过程中各处理堆肥物料总氮含量大体呈增加趋势(图 3-4),这可能是由于在堆肥过程中有机物的矿化分解、二氧化碳的损失及物料水分的蒸发引起干物质的减少而造成"浓缩效应"[234],另外,堆肥后期,固氮菌的固氮作用也有利于堆肥物料总氮含量的提高。堆肥物料总氮含量的变化受是否添加竹炭及其添加量的影响。对于未添加竹炭和竹醋液的对照处理,堆肥升温阶段至高温阶段过程(0～21 d),总氮含量总体呈降低趋势(图 3-4),可见高温容易引起氮素损失。这是此过程中有机氮强烈分解产生大量的氨气,并在高温及碱性环境中挥发而损失造成的[235]。添加了竹炭的各处理,总氮含量的变化则与竹炭的添加量有关。低竹炭添加量下(3%),堆肥物料高温期间总氮含量减少,可能是由于缺乏足够的竹炭颗粒,难以完全吸附高温期快速氨化作用释放的大量氨。整个堆肥期间,竹炭添加量较大处理(6%、9%)及添加竹炭＋竹醋液处理其

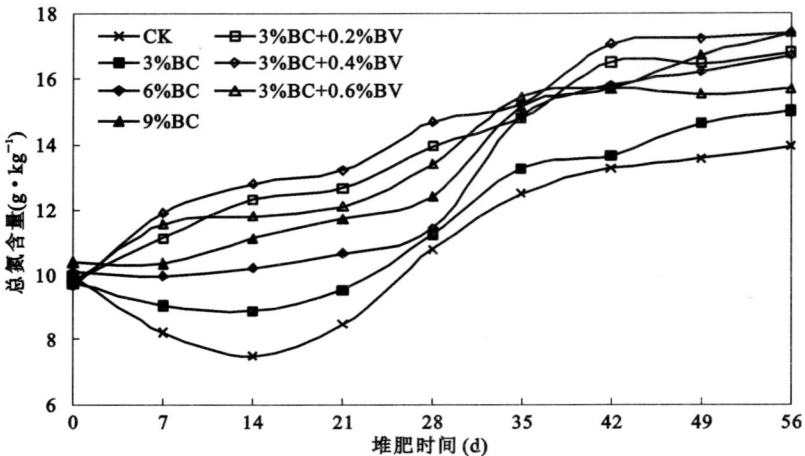

图 3-4　猪粪堆肥过程总氮含量变化

总氮含量一直呈上升趋势,这表明,竹炭＋竹醋液及较大比例竹炭的添加有利于猪粪堆肥总氮含量的提高,而总氮含量的增加也是堆肥腐熟和品质提高的重要体现。

3.2.5 猪粪堆肥过程氮素损失率变化

如图 3-5 所示,所有堆肥处理氮素损失多集中发生在升温期和高温期,堆肥物料氮素损失随堆肥的进行而增加,这与已有研究认为堆肥主要的氮素损失发生在升温期和高温期的结论相一致[236]。与未添加竹炭＋竹醋液的对照处理相比,堆肥结束后,添加了 3％、6％和 9％竹炭的处理分别减少氮素损失 28.3％、61.1％和 65.4％,这表明,竹炭的添加能够减少猪粪堆肥氮素损失,氮素损失随竹炭添加量的增加而减少。如表 2-1 所示,竹炭的比表面积高达 358.6 $m^2 \cdot g^{-1}$,这表明竹炭有很强的吸附能力。有研究表明,活性炭和竹炭都有吸附氨气的特性,其原因在于它们具有大的比表面积和大量的微孔结构[225]。因此,竹炭的高吸附性能可能是显著减少猪粪堆肥氮素损失的主要原因。此外,与对照处理相比,竹炭的添加降低了堆肥高温期 pH 值,而降低堆肥高温期 pH 值也能够减少氮素损失。

竹炭＋竹醋液的添加也能够显著减少猪粪堆肥氮素损失(图 3-5)。与未添加竹炭和竹醋液的对照处理相比,堆肥结束后添加 3％竹炭＋0.2％竹醋液、3％竹炭＋0.4％竹醋液和 3％竹炭＋0.6％竹醋液的处理分别减少氮素损失 66.0％、73.5％和 50.3％。所有处理中添加 3％竹炭＋0.4％竹醋液的处理氮素损失最小(10％),相比添加了 9％竹炭的处理(13％)减少氮素损失 23％。因此,猪粪堆肥过程中,添加竹炭＋竹醋液减少氮素损失的作用要优于仅添加竹炭处理。然而,只有添加适当比例的竹醋液才能获得最佳的氮素损失控制效果,这可能是由于较高浓度竹醋液的添加对氮固定微生物不利,因为有研究表明,高浓度竹醋液往往具有杀菌作用[237]。竹醋液的添加减少了猪粪堆肥氮素损失,原因可能在于竹醋液含有大量的有机酸[238]，这些有机酸可以直接中和吸收氨气，或通过酸化处理提高竹炭对氨气的吸附能力而减少氨气挥发损失[225]。目前，还未有利用竹炭和竹醋液的协同添加来进行猪粪堆肥氮素保持的相关研究。本研究表明，竹炭和竹醋液的协同添加是减少猪粪堆肥氮素损失的一种有效措施。

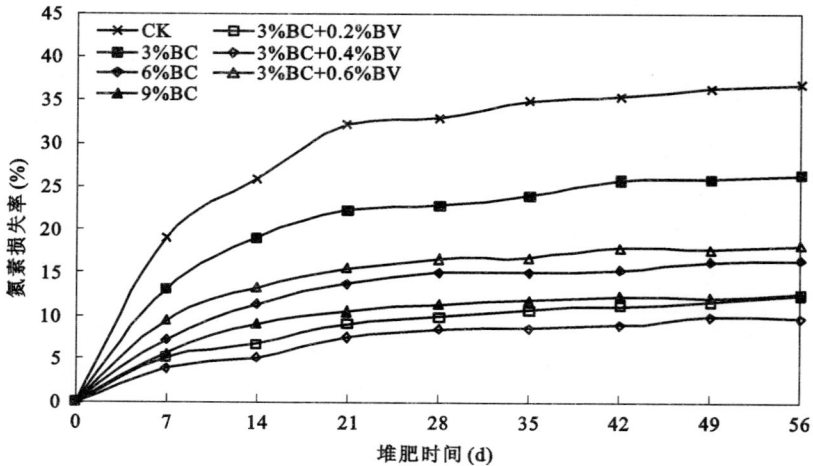

图 3-5　猪粪堆肥过程氮素损失率变化

3.2.6　猪粪堆肥过程总磷含量变化

堆肥过程对磷素活性的变化存在双重影响。一方面，随着发酵的进行，堆肥有机物质分解产生大量的有机弱酸类物质，其中小分子有机酸中的多元酸类物质（琥珀酸、苹果酸、酒石酸、柠檬酸等）对难溶性磷具有较强的溶解能力[239]，而大分子的腐殖酸类物质对难溶性磷有一定的络合能力[223]，可使难溶磷转变为植物较易吸收的形态。而另一方面，发酵的实质是腐殖化的过程，一部分磷可以转变成为较稳定的富里酸态磷和更加稳定的胡敏酸态磷[240]。

猪粪堆肥过程中，各处理总磷含量变化规律较一致（图 3-6），随着堆肥时间的延长，总磷含量也随之增长。总磷含量的增加是堆料含水率下降而带来的"浓缩效应"所致。堆肥升温阶段及高温阶段前期(0～14 d)总磷含量增加较少,这是由于堆肥初期,有机质降解较少、干物质"浓缩效应"小,而高温中后期脱水效率高、有机质大量降解、干物质大量减少导致总磷含量的快速升高。堆肥结束后,添加竹炭及竹炭＋竹醋液的处理总磷含量显著高于对照处理,与堆肥初始物料总磷含量相比,各处理总磷含量分别增加94.4％、146.2％、146.5％、146.9％、154.6％、171.5％和163.8％(表3-2)。由于堆肥过程中磷素基本不存在挥发损失的可能,堆肥过程中也没有渗滤液产生,因此,堆肥结束后,添加竹炭或竹炭＋竹醋液处理堆肥物料总磷含量的提高,可能是其堆肥物料干物质量减少带来的"浓缩效应"所致。

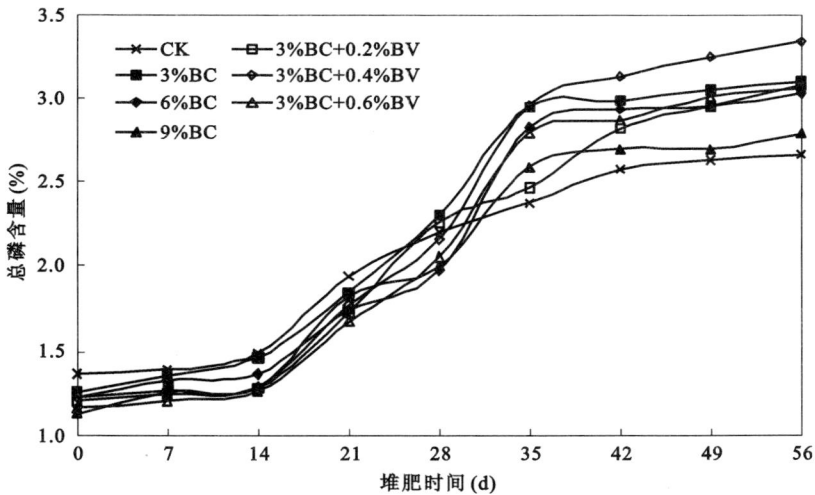

图 3-6　猪粪堆肥过程总磷含量变化

表 3-2　猪粪堆肥过程中总磷含量增加比例(％)

处理	堆肥时间(d)								
	0	7	14	21	28	35	42	49	56
CK	0.0	1.5	8.4	41.2	60.6	73.2	87.7	92.2	94.4
3％BC	0.0	7.9	15.9	46.4	82.4	134.7	137.0	142.3	146.2
6％BC	0.0	7.4	10.6	41.5	60.2	130.0	138.9	140.0	146.5
9％BC	0.0	11.5	14.3	60.8	76.3	129.0	138.9	139.0	146.9
3％BC+0.2％BV	0.0	3.1	5.8	43.1	87.0	104.0	132.9	143.8	154.6
3％BC+0.4％BV	0.0	2.6	4.7	43.6	75.7	141.1	154.7	164.2	171.5
3％BC+0.6％BV	0.0	3.9	9.0	44.0	76.8	140.9	147.6	159.5	163.8

3.2.7　猪粪堆肥过程有机磷含量变化

有机磷与无机磷相比具有被土壤固定少、在土壤中移动性强及易被植物吸收、利用率高等优点，而且经微生物和植物根系分泌的磷酸水解酶降解，有机磷可释放出能供植物直接利用的无机磷。因此，提高堆肥有机磷含量有利于减少堆肥施用后土壤对磷素的固定，提高植物对堆肥磷素的当季利用率，减少堆肥施用后磷素的淋溶损失。

由图 3-7 可知，猪粪堆肥过程中，堆肥升温阶段及高温阶段前期（0～14 d）各处理有机磷的含量缓慢增加，而在高温中后期（14～35 d）显著增加，而后逐渐趋于稳定。堆肥初期，微生物的活性较弱，加之脱水效率较低，故有机磷含量增加较慢；高温中后期，微生物数量较多，活性较强，无机磷为微生物固持而转变成有机磷，加之堆肥脱水引起的浓缩效应，有机磷含量得以大幅度增加；堆肥降温腐熟期由于可降解有机物质减少，微生物数量趋于稳定，堆肥中有机磷含量增加较少。如表 3-3 所示，堆肥结束后，与堆肥初始物料有机磷含量相比，对照处理及添加 3％竹炭、6％竹炭、9％竹炭、3％竹炭＋0.2％竹醋液、3％竹炭＋0.4％竹醋液、3％竹炭＋0.6％竹醋液的各处理堆肥产品的有机磷含量分别增加 143.3％、151.2％、178.9％、

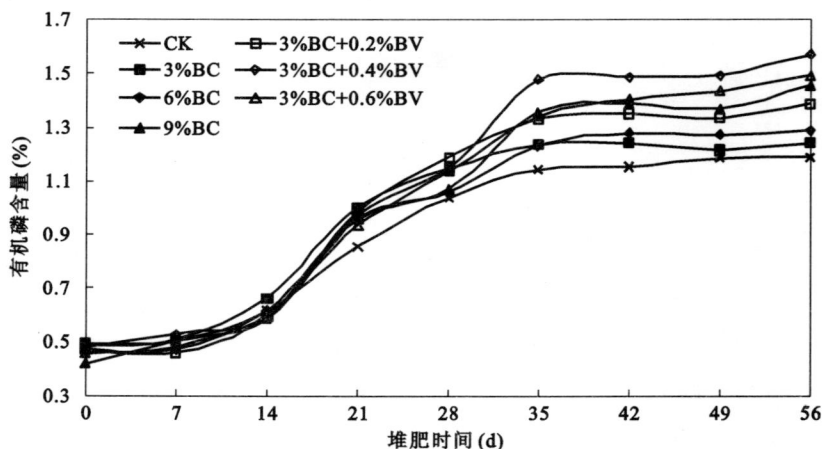

图 3-7　猪粪堆肥过程有机磷含量变化

247.2%、194.0%、226.6%和227.8%。这表明,与对照处理相比,添加较高比例竹炭及竹炭＋竹醋液处理更有利于有机磷含量的增加,这可能与竹炭或竹炭＋竹醋液添加处理的脱水浓缩效果好及能够提高微生物活性有关[178,198]。堆肥微生物活性的提高可以增强无机磷向有机磷的转化,同时微生物量的增加也可以固定更多的有机磷。此外,与仅添加3%竹炭处理相比,添加竹炭＋竹醋液处理更有利于提高堆肥物料有机磷含量。

表 3-3　猪粪堆肥过程中有机磷含量增加比例(%)

处理	堆肥时间(d)								
	0	7	14	21	28	35	42	49	56
CK	0.0	3.0	26.9	75.9	112.9	133.9	136.8	142.5	143.3
3%BC	0.0	2.9	34.9	103.1	132.2	150.2	152.0	146.6	151.2
6%BC	0.0	2.5	33.7	107.6	130.3	166.6	176.8	175.7	178.9
9%BC	0.0	20.3	39.3	129.3	155.4	223.1	231.0	226.5	247.2
3%BC+0.2%BV	0.0	8.0	26.7	108.9	152.5	182.2	185.9	183.4	194.0
3%BC+0.4%BV	0.0	10.2	24.5	103.6	138.7	207.1	209.2	210.2	226.6
3%BC+0.6%BV	0.0	6.2	32.2	106.1	149.7	194.5	208.7	215.5	227.8

3.2.8　猪粪堆肥过程有效磷含量变化

由图 3-8 可知,猪粪堆肥过程中,有效磷含量在升温阶段及高温阶段前期(0～14 d)增加缓慢,高温阶段中后期(14～35 d)呈显著上升趋势,而降温腐熟期(35～56 d)则保持相对稳定。堆肥升温阶段及高温阶段前期,猪粪中有机磷虽然会转化为有效磷。但有效磷含量增加缓慢,其原因可能是微生物的大量繁殖要消耗猪粪中固有的有效磷。季俊杰等[241]研究表明,在堆肥初期,微生物的大量增殖导致有效磷被微生物利用而减少。随着堆肥的进行,直至高温阶段中后期,微生物数量的增多及活性的增强促进了有机物的降解,伴随更多有效磷的产生,使猪粪中有效磷含量显著增加。在堆肥降温腐熟阶段,尽管由于浓缩效应有效磷含量会增加,但腐殖质的生成会将一部分磷形成富里酸态磷（中度稳定有机磷）和胡敏酸态磷（高度稳定有机磷），减少了磷的有效性[240]，因而有效磷含量基本趋于稳定。

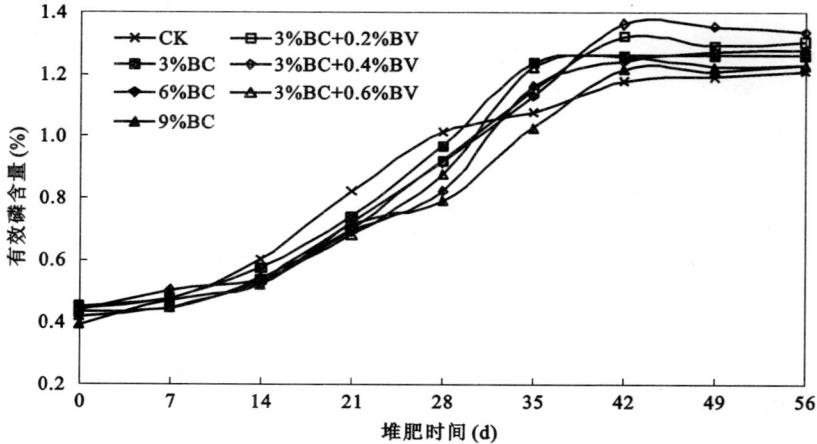

图 3-8　猪粪堆肥过程有效磷含量变化

如表 3-4 所示，堆肥结束后，与堆肥初始物料有效磷含量相比，对照处理及添加 3％竹炭、6％竹炭、9％竹炭、3％竹炭＋0.2％竹醋液、3％竹炭＋0.4％竹醋液、3％竹炭＋0.6％竹醋液的各处理堆肥产品的有效磷含量分别增加 170.9％、179.2％、205.9％、214.8％、201.8％、204.0％和 194.4％。这表明，与对照处理相比，添加较高比例竹炭及竹炭＋竹醋液的处理更有利于有效磷含量增加，其原因可能是添加竹炭及竹炭＋竹醋液处理堆肥物料的脱水浓缩效果好。

表 3-4　猪粪堆肥过程中有效磷含量增加比例（％）

处理	堆肥时间（d）								
	0	7	14	21	28	35	42	49	56
CK	0.0	6.9	34.4	83.6	127.2	140.8	164.3	167.3	170.9
3％BC	0.0	5.5	27.8	63.9	114.7	173.9	178.7	179.5	179.2
6％BC	0.0	7.1	27.5	66.0	96.5	177.6	196.8	204.3	205.9
9％BC	0.0	21.6	33.6	82.7	102.7	163.4	211.7	209.6	214.8
3％BC＋0.2％BV	0.0	2.7	24.3	61.6	112.9	165.4	205.5	198.0	201.8

续表 3-4

处理	堆肥时间(d)								
	0	7	14	21	28	35	42	49	56
3%BC+0.4%BV	0.0	14.6	24.0	64.5	108.1	157.7	210.4	208.4	204.0
3%BC+0.6%BV	0.0	7.0	26.9	63.5	110.0	193.7	201.7	193.3	194.4

3.3 本章小结

（1）猪粪堆肥过程中，添加竹炭和竹炭＋竹醋液均可强化对铵态氮的固持效果，并提高堆肥结束后硝态氮和有机氮的含量。

（2）与对照处理相比，分别向猪粪堆肥原料中添加 3%、6% 和 9% 的竹炭，以及 3%竹炭＋0.2%竹醋液、3%竹炭＋0.4%竹醋液和 3%竹炭＋0.6%竹醋液，堆肥产品的氮素损失可分别减少 28.3%、61.1%、65.4%、66.0%、73.5% 和 50.3%。以上结果表明，添加竹炭能够减少猪粪堆肥过程氮素损失，且氮素损失随着竹炭添加量的增加而减少；与仅添加竹炭相比，添加适当比例的竹炭＋竹醋液可获得更优的氮素损失控制效果，因此，协同添加竹炭和竹醋液是控制猪粪堆肥过程中氮素损失的一种有效措施。

（3）添加竹炭和竹炭＋竹醋液能够提高堆肥产品的有机磷和有效磷含量，施入土壤后可增加供磷强度。

4 竹炭及竹醋液对猪粪堆肥过程重金属钝化的影响

　　大量研究表明,猪粪中含有较高浓度的 Cu、Zn 等重金属[4,20,25],长期大量施用此类猪粪及其堆肥产品,将导致土壤、地下水及作物中重金属含量增加而带来生态风险[20,21,134]。但也有研究表明,仅依据重金属总量而忽视其化学形态的变化来判断重金属的生物毒性和环境行为不够全面[135,136],重金属的生态环境效应还与影响其生物有效性的重金属化学形态密切相关[137]。重金属毒性的降低可以通过降低其有效态活性实现,已有研究表明,降低重金属有效态活性可以起到钝化重金属、减少其毒性的作用[138,139]。

　　堆肥过程是有机物料腐殖化的过程,腐殖质类物质虽然可以螯合固定重金属,减少有效态重金属含量,降低其生物有效性,但堆肥过程却对重金属具有浓缩效应,尤其在重金属含量高的猪粪中,仅靠有机质降解产生的腐殖质难以有效地降低重金属的生物有效性。因此,畜禽堆肥过程中,有必要采取相关措施提高堆肥过程对重金属的钝化效果。添加重金属钝化剂是钝化重金属、降低其生物有效性的一种有效方法。石灰、粉煤灰和沸石等物质是常见的具有较好效果的重金属钝化剂[242,243],然而,添加石灰、粉煤灰提高堆肥物料 pH 值会引起氨气挥发损失,此外施用添加这些物质的堆肥可能会造成土壤 pH 值提高,抑制作物产量,从而限制了其实际应用[242]。许多研究表明,竹炭对 Cu^{2+}、Zn^{2+}、Pb^{2+} 等重金属离子具有很好的吸附效果[185-187],因此堆肥物料中添加竹炭可能对重金属具有较好的钝化效果。此外,竹醋液的添加能够促进堆肥的发酵和腐殖化进程[122],因此,堆肥过程中添加竹醋液也可能会促进堆肥过程对重金属的钝化效果。

　　高铜、高锌猪粪堆肥若施用于农田,其生物毒性值得关注。蚯蚓是生态系统中的一个重要组成部分,是陆生生物与土壤生态传递的桥梁。当土壤被各类化学品污染后,必将对蚯蚓的生存、生长、繁殖产生不利影响,甚至导致蚯蚓死亡[145],已有很多研究利用蚯蚓急性毒性来指示土壤污染状况[146]。

　　本研究的主要目的是利用竹炭的吸附性能及竹醋液促进堆肥发酵的性能,研究竹炭及竹醋液添加对猪粪堆肥过程中 Cu、Zn 重金属含量变化及钝化效果的影响,为开发具有可再生性且安全经济的猪粪堆肥重金属钝化材料提供实践参考;研究高铜、高锌猪粪堆肥对蚯蚓的急性毒性效应,为以蚯蚓急性毒性研究作为高铜、高锌猪粪堆肥急性毒理诊断的指标提供参考。

4.1　研究材料与方法

4.1.1　研究材料

　　与第 2 章一致。堆肥原料 Cu、Zn 含量如表 4-1 所示。

表 4-1　堆肥原料 Cu、Zn 含量

参数	猪粪	锯末	腐熟猪粪堆肥	竹炭	竹醋液
含水率(%)	70.1	15.1	35.7	11.0	—
总铜($mg \cdot kg^{-1}$)	623	8.98	555	0.38	0.13
总锌($mg \cdot kg^{-1}$)	1631	6.36	888	0.35	1.94

注:—,未测定。

4.1.2　研究设计及采样方法

　　与第 2 章一致。

4.1.3　样品指标分析方法

Cu、Zn 总量测定待测液：Cu 和 Zn 总量测定待测液制备采用硝酸、盐酸和氢氟酸(1∶1∶2,体积比)消解[244]。

DTPA(二乙烯三胺五乙酸)提取态 Cu、Zn 测定待测液：待测样品和提取剂按固液比($w∶v$)1∶5 加入 0.005 mol·L^{-1} DTPA 溶液和 0.1 mol·L^{-1} 三乙醇胺溶液调整 pH 值至 7.3 后,机械振荡 2 h[245]。

Cu、Zn 含量测定：用火焰原子吸收分光光度计(FAAS,Thermo Element MKII-6)测重金属 Cu、Zn 的总量和 DTPA 提取态含量。

DTPA 提取态 Cu、Zn 分配系数用如下公式计算[150]：

$$分配系数 = \frac{DTPA\ 提取态重金属浓度}{重金属总浓度} \times 100\%$$

以堆肥过程 Cu、Zn 分配系数差值的变化情况来衡量堆肥过程对其的钝化效果,该方法已被很多研究者所采用[151,246],分配系数差值用初始分配系数减去堆肥过程中任一取样时间样品的分配系数求得。

蚯蚓急性毒性研究：蚯蚓急性毒性研究选用的蚯蚓品种为赤子爱胜蚓(*Eisenia foetida*)。研究前对蚯蚓进行清肠和预培养,选择体重相近(300～400 mg)、环带明显、大小较为一致的健康成蚓[247]。

具体研究方法如下：

(1) 制备堆肥浸提液：称取新鲜堆肥样品 100 g 到 1000 mL 烧杯中,加入 500 mL 蒸馏水,搅拌均匀浸泡过夜,次日用纱布过滤制备堆肥浸提液。

(2) 清肠：取 5 个烧杯,在底部铺上 1～3 层滤纸,加少量水,以刚浸没滤纸为宜。挑选具有明显环带的健壮蚯蚓,放在滤纸上,用塑料薄膜封口,并用针扎孔,将烧杯放入温度为 20 ℃、湿度约 75% 的人工气候箱内,清肠 24 h。

（3）处理：在直径 15 cm 的培养皿底铺衬滤纸，以刚好遮住皿底为宜。取适量堆肥浸提液倒入培养皿中，以刚好湿润浸没滤纸为宜。

（4）放入蚯蚓：将清肠后的蚯蚓冲洗干净，并用滤纸吸干蚯蚓体表的水分，放入培养皿中。每一处理放入蚯蚓 30 条。用塑料薄膜封口，并用针扎孔。

（5）培养与观察：将培养皿再置于（22±1）℃人工气候箱中避光培养 48 h，在 24 h 和 48 h 各计数 1 次，记录死亡数，以蚯蚓前尾部对机械刺激无反应视为死亡[248]。每一处理和对照各设 3 个重复。

4.2　结果与讨论

4.2.1　猪粪堆肥过程全 Cu 含量变化

堆肥过程中，各处理堆肥物料全 Cu 含量整体呈上升趋势（图 4-1），Cu 含量的增加主要是由于堆肥过程干物质量的减少引起

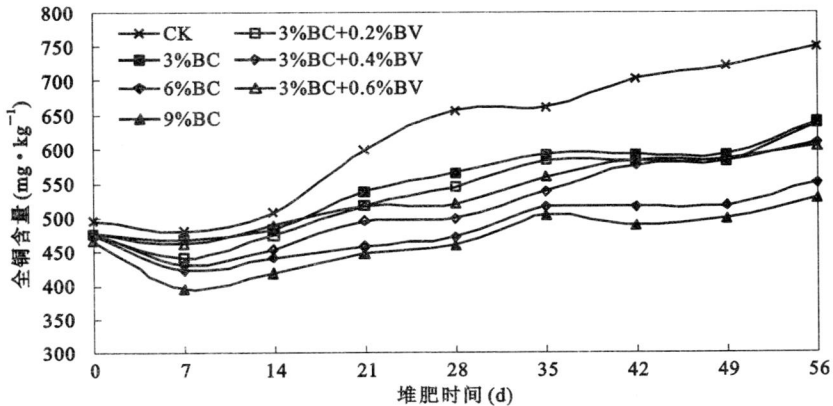

图 4-1　猪粪堆肥过程全铜含量变化

"浓缩效应"[246]。堆肥过程中,对照处理 Cu 含量变化主要受堆肥干物质减少而导致的"浓缩效应"影响,而其他处理 Cu 含量变化受堆肥干物质减少的"浓缩效应"和竹炭添加导致的"稀释效应"共同影响。

　　堆肥初期,由于锯末、腐熟猪粪堆肥等辅料添加带来的"稀释效应"而导致所有处理的全 Cu 含量均低于猪粪原料(表 4-1,623 mg·kg⁻¹),这与张树清等[151]研究认为堆肥辅料的添加稀释了堆肥重金属含量的结果一致。堆肥结束后,虽然堆肥初期锯末、腐熟猪粪堆肥等辅料的添加稀释了 Cu 含量,但对照处理堆肥物料全 Cu含量依然高于猪粪原料,这表明,对照处理中全 Cu 含量的变化主要受"浓缩效应"主导。而添加竹炭和竹炭＋竹醋液的处理在堆肥结束后,堆肥物料 Cu 含量均显著降低,分析其原因认为,虽然堆肥过程中"浓缩效应"会导致 Cu 含量的提高,但堆肥过程中竹炭不存在降解,堆肥物料干物质量的减少会导致竹炭相对含量随堆肥进程而提高,竹炭添加引起的"稀释效应"得以增强,并超过了"浓缩效应",最终降低了 Cu 含量。这表明,添加了竹炭及竹炭＋竹醋液处理 Cu 含量变化主要受添加竹炭所致的"稀释作用"主导。

　　堆肥过程中,对照处理 Cu 含量始终大于其他处理,其原因主要是主导堆肥物料 Cu 含量变化的因素不同。与对照处理相比,添加竹炭和竹炭＋竹醋液各处理在堆肥起始时其 Cu 含量低于对照处理,这是由于添加竹炭稀释了堆肥物料中 Cu 含量。堆肥结束后,对照处理中全 Cu 含量的变化受"浓缩效应"主导,而添加了竹炭的各处理全 Cu 含量变化则主要受添加竹炭导致的"稀释作用"主导,故而,对照处理全 Cu 含量依然高于其他处理。堆肥过程中,竹炭的添加虽然不能减少堆肥 Cu 的总量,但其添加能够稀释堆肥物料中 Cu 的含量,堆肥物料中 Cu 的含量随竹炭添加量的增加而减少,但添加竹醋液各处理与添加 3％竹炭处理间 Cu 含量的差异不大。

4.2.2　猪粪堆肥过程全 Zn 含量变化

猪粪堆肥物料中全 Zn 含量远远大于全 Cu 含量（图 4-1 和图 4-2），这与已有研究结果一致[249]，其原因在于生猪饲料中 Zn 的添加量远远大于 Cu[250]。堆肥过程中，各处理堆肥物料全 Zn 含量也整体呈上升趋势（图 4-2），堆肥物料 Zn 含量的变化也主要是受堆肥过程干物质量的减少引起的"浓缩效应"影响或"浓缩效应"与竹炭添加导致的"稀释效应"双重影响。

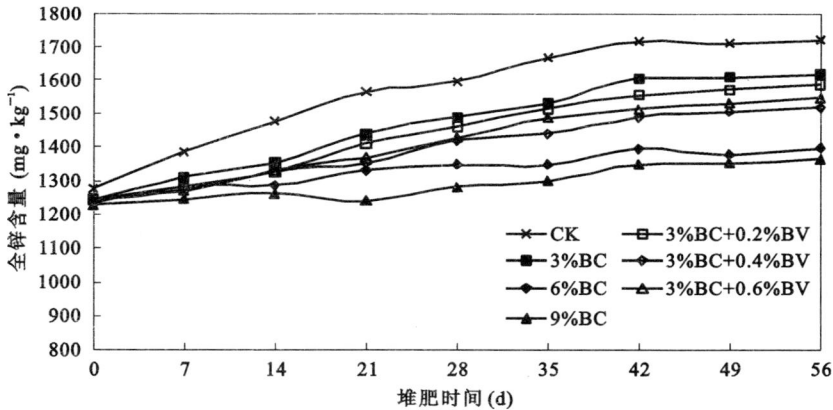

图 4-2　猪粪堆肥过程全锌含量变化

堆肥过程整个时期，各处理堆肥物料 Zn 含量的变化及其主导原因与 Cu 相似。堆肥结束后，对照处理 Zn 含量高于猪粪原料 Zn 含量（表 4-1，1631 mg·kg⁻¹），而其他处理则低于猪粪原料 Zn 含量，其原因在于，对照处理中全 Zn 含量的变化主要受"浓缩效应"主导使其最终浓度增加，而添加竹炭及竹炭＋竹醋液处理全 Zn 含量变化则主要受添加竹炭导致的"稀释作用"主导使其最终浓度减小。

堆肥过程中，对照处理 Zn 含量也始终大于其他处理，其原因也在于影响堆肥 Zn 含量变化的主导因素不同。竹炭的添加也不能减少堆肥重金属 Zn 的总量，但其添加能够稀释堆肥物料中 Zn 的含量，堆肥重金属 Zn 的含量随竹炭添加量的增加而减少，但添加竹醋液各处理与添加 3% 竹炭处理间重金属 Zn 的含量差异不大。

4.2.3　猪粪堆肥过程 DTPA 提取态 Cu 含量变化

植物主要吸收堆肥中重金属元素的有效形态,而非其所有形态[223]。很多研究表明,重金属的有效态含量与其进入植物体的量成正比,而 DTPA 浸提的重金属所反映含量更接近植物所吸收和利用的含量,可靠性更高,它已被广泛应用于评价重金属的生物有效性[251]。因此,研究猪粪堆肥处理过程中 DTPA 浸提的有效态重金属的含量变化具有重要的意义。

猪粪堆肥过程中,所有处理 DTPA 提取态 Cu 含量均随堆肥进程而降低(图 4-3),这表明堆肥过程本身能够减少堆肥物料中 DTPA 提取态 Cu 含量,降低其生物毒性。堆肥过程可降低重金属活性的结论已被许多研究者所证实[151,246],其原因在于堆肥是腐殖化过程,腐殖质含有羧基、酚羟基、烯醇基、醌基、羟基醌、内酯、脂和醇羟基等大量官能团,这些官能团是腐殖质中吸附重金属能力最强的组分,通过吸附作用降低了重金属的有效性[246]。堆肥过程干物质量减少而引起的"浓缩效应"虽然有导致 DTPA 提取态 Cu 含量增加的趋势,但所有处理的 DTPA 提取态 Cu 含量均未提高,表明堆肥对 DTPA 提取态 Cu 的固定作用远大于"浓缩效应"。堆肥过程中 DTPA 提取态 Cu 含量变化不仅受"浓缩效应"、腐殖质螯合固定作用影响,而且受到竹炭添加的影响。与对照处理相比,竹炭的添加减少了堆肥物料中 DTPA 提取态 Cu 含量,DTPA 提取态 Cu 含量随竹炭添加量的增加而减少。其原因在于:一方面,竹炭的添加对 DTPA 提取态 Cu 含量具有"稀释作用";另一方面,竹炭是一种多孔性物质且具有很大的比表面积[177],对 DTPA 提取态重金属具有很强的吸附作用。与添加 3% 竹炭堆肥处理相比,竹炭+竹醋液的添加能够进一步降低堆肥物料 DTPA 提取态 Cu 含量。

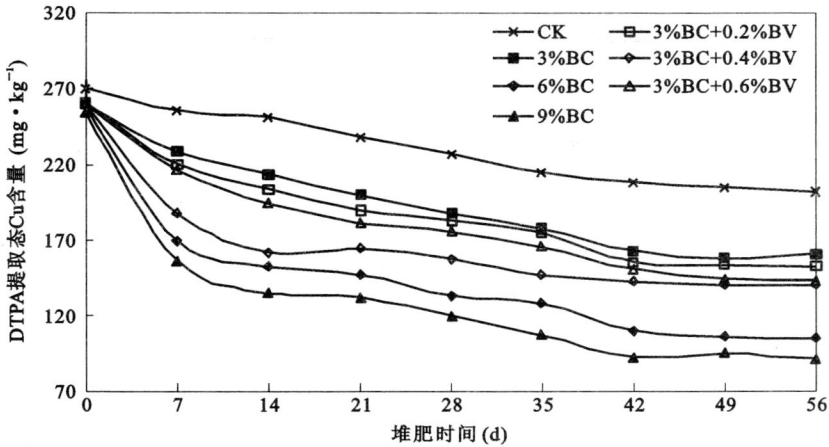

图 4-3 猪粪堆肥过程 DTPA 提取态 Cu 含量变化

4.2.4 猪粪堆肥过程 DTPA 提取态 Zn 含量变化

如图 4-4 所示,堆肥过程中,对照处理中的 DTPA 提取态 Zn 含量是初期增加(0~14 d)而后降低,这可能是由于堆肥初期干物质量的减少而引起的"浓缩效应"占主导,增加了 DTPA 提取态 Zn 含量,而堆肥中后期堆肥物料中腐殖质的大量形成对 DTPA 提取态 Zn 具有螯合固定作用,当腐殖质对重金属的固定作用强于"浓缩效应"时,DTPA 提取态 Zn 含量得以降低。其他添加了竹炭的堆肥处理 DTPA提取态 Zn 含量持续下降,这是竹炭添加导致的"稀释作用"及竹炭对 Zn 的吸附作用,以及腐殖质对 Zn 的固定作用,强于堆肥过程对 Zn 的"浓缩效应"所致。

如图 4-3 和图 4-4 所示,除对照处理以外,其他处理 DTPA 提取态 Zn 含量的变化情况与 DTPA 提取态 Cu 相似。与对照处理相比,竹炭的添加减少了堆肥物料中 DTPA 提取态 Zn 含量,DTPA 提取态 Zn 含量随竹炭添加量的增加而减少。其原因在于,竹炭的添加对 DTPA 提取态 Zn 含量具有"稀释作用",而且竹炭对 DTPA 提取态 Zn 具有很强的吸附作用。与添加 3％竹炭堆肥处理相比,竹炭＋竹醋液的添加能够进一步降低堆肥物料 DTPA 提取态 Zn 含量。

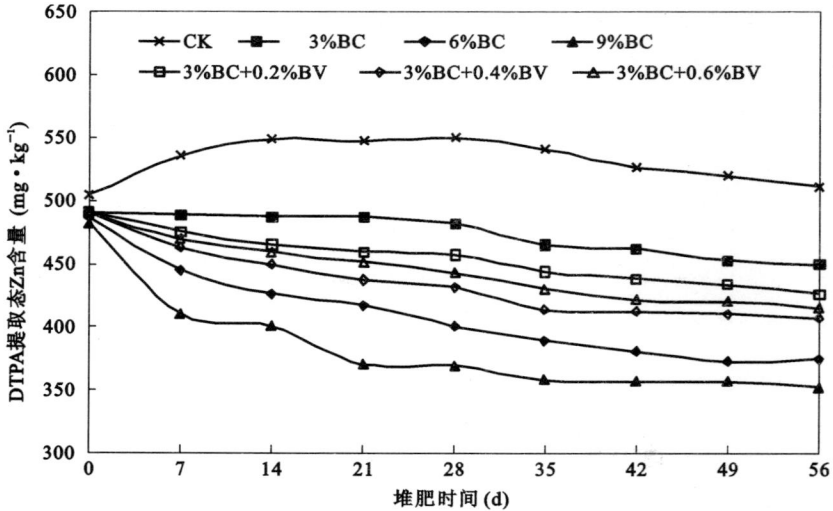

图 4-4　猪粪堆肥 DTPA 提取态 Zn 含量变化

4.2.5　猪粪堆肥过程 DTPA 提取态 Cu、Zn 分配系数变化

猪粪堆肥过程中，由于重金属全 Cu 含量和全 Zn 含量随堆肥进程而增加（图 4-1、图 4-2），而 DTPA 提取态 Cu 和 Zn 是其总量的一部分，因此，为消除 DTPA 提取态重金属含量随总量增加而增加及竹炭添加对重金属"稀释作用"的影响，利用 DTPA 提取态 Cu、Zn 相对含量（分配系数）的变化情况，即 DTPA 提取态含量与其总含量比值的变化情况，来探讨 DTPA 提取态 Cu、Zn 随堆肥时间的变化，以便更好地比较竹炭及竹炭＋竹醋液添加对堆肥物料 DTPA 提取态 Cu、Zn 的钝化效果。

本研究中，如图 4-5 所示，各处理 DTPA 提取态 Cu、Zn 分配系数均随堆肥过程的进行而降低。堆肥结束后，与对照处理相比，添加 3％、6％和 9％竹炭处理堆肥物料的 DTPA 提取态 Cu 的分配系数分别减少 6.2％、29.0％和 35.1％，DTPA 提取态 Zn 的分配系数分别减少 18.6％、30.9％和 39.2％。该研究结果表明，在猪粪堆肥中添加竹炭对 Cu、Zn 均有很好的钝化作用，且堆体中 DTPA 提取态

Cu、Zn 分配系数的差值随着堆体中竹炭含量的增加而增加。其他研究者的结果也表明，竹炭对 Cu^{2+}、Zn^{2+}、Pb^{2+} 等重金属离子具有很好的吸附去除效果[185-187]。

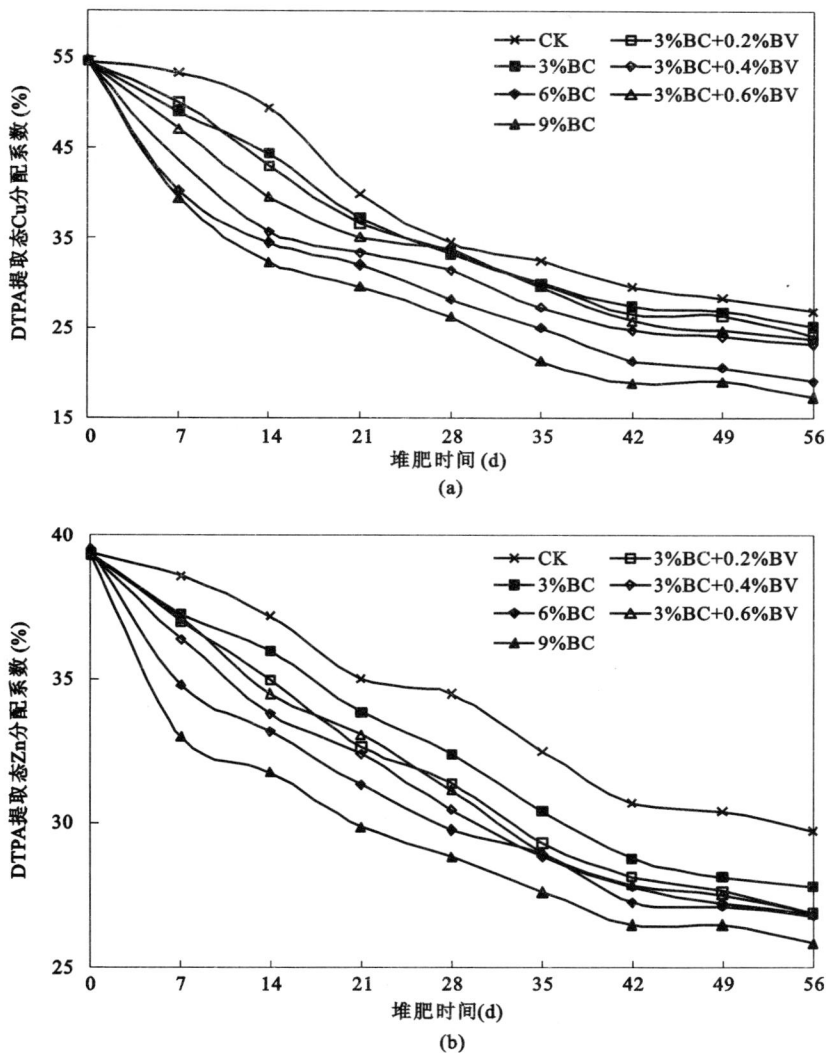

图 4-5　猪粪堆肥过程 DTPA 提取态 Cu、Zn 分配系数变化

（a）DTPA 提取态 Cu 分配系数；（b）DTPA 提取态 Zn 分配系数

竹炭对重金属 Cu、Zn 有钝化作用,是由于竹炭是一种多孔性材料且具有很大的比表面积及较多的官能团和金属氧化物[177,178]。此外,竹炭与其他含碳化合物一样,也具有大的表面负电荷和高电荷密度等特性[177],这些特性都使得竹炭对重金属阳离子具有很好的吸附性能。

与对照处理相比,添加 3％竹炭＋0.2％竹醋液、3％竹炭＋0.4％竹醋液和 3％竹炭＋0.6％竹醋液处理,堆肥物料的 DTPA 提取态 Cu 的分配系数分别减少 10.5％、13.7％和 11.2％,DTPA 提取态 Zn 的分配系数分别减少 28.6％、29.0％和 28.7％。这表明,与添加 3％竹炭处理相比,竹炭＋竹醋液的添加能增强对 Cu、Zn 的钝化效果,这可能是由于竹炭＋竹醋液能够刺激微生物活动,加快堆肥腐殖化进程[122],而腐殖质的增加促进了对重金属的钝化。此外,添加竹炭及竹炭＋竹醋液对 Zn 的钝化效果远低于其对 Cu 的钝化效果,这可能是由两种金属自身性质的差异所致,如离子半径、电负性之间的差异等。

4.2.6　猪粪堆肥对蚯蚓的急性毒性研究

本研究结束后猪粪堆肥中 Cu 和 Zn 的总含量分别为 $528 \sim 751 \ mg \cdot kg^{-1}$ 和 $1364 \sim 1719 \ mg \cdot kg^{-1}$,因此,其生态风险究竟如何值得探讨。已有很多研究者利用重金属对蚯蚓的急性毒性研究来指示其污染状况。如贾秀英等[249]研究了高 Cu、高 Zn 猪粪对蚯蚓的急性致死效应,结果表明,Cu、Zn 浓度与蚯蚓死亡率呈显著正相关,其毒性阈值(引起蚯蚓个体死亡浓度)分别为 Cu $250 \ mg \cdot kg^{-1}$、Zn $400 \ mg \cdot kg^{-1}$,LD_{50}(半数致死率)分别为 Cu $646.68 \ mg \cdot kg^{-1}$、Zn $947.38 \ mg \cdot kg^{-1}$。贾秀英等[248]还采用滤纸急性毒性研究法研究了 Cu 对蚯蚓的急性毒性,结果表明,Cu 含量达到 $120 \ mg \cdot kg^{-1}$ 时,暴露 24 h,蚯蚓表现出致死毒性,在 $240 \ mg \cdot kg^{-1}$、$300 \ mg \cdot kg^{-1}$ 污染浓度下暴露 48 h 蚯蚓则全部死亡,Cu 对蚯蚓 48 h 的理论 LD_{50}

为 176.12 mg·kg^{-1}。不同的研究方法所得研究结果相差较大,这可能是由于采用滤纸急性毒性研究法时 Cu、Zn 对蚯蚓的毒性更强。

　　本研究中,堆肥结束后,各处理采用堆肥所制备的浸提液在供试时间内未造成蚯蚓 50% 的死亡率(图 4-6),与猪粪堆肥对照处理相比,猪粪堆肥中竹炭和竹炭+竹醋液的添加能够减少猪粪堆肥浸提液对蚯蚓的急性毒性,尤其可以显著减少蚯蚓 48 h 致死率。其原因可能在于:一是添加了竹炭及竹炭+竹醋液处理的重金属浓度低于对照处理,二是竹炭及竹炭+竹醋液的添加减少了堆肥物料重金属的生物有效性。各处理 48 h 蚯蚓死亡率明显高于 24 h,这可能是由于重金属在蚯蚓体内进一步累积导致毒性增强。

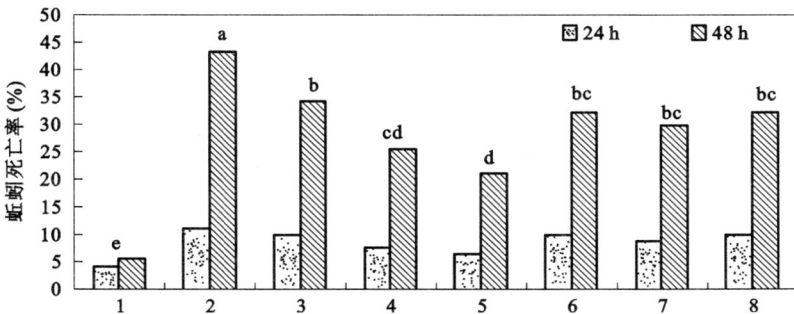

图 4-6　猪粪堆肥浸提液对蚯蚓 24 h 及 48 h 死亡率的影响($P < 0.05$)

(编号 1~8 分别代表 8 个堆肥浸提液:纯水、CK、3%BC、6%BC、9%BC、
3%BC+0.2%BV、3%BC+0.4%BV、3%BC+0.6%BV;
图中相同的小写字母表示不同处理之间无显著差异)

　　如图 4-7 所示,分析蚯蚓 48 h 的死亡率与不同处理猪粪堆肥中 DTPA 提取态 Cu、Zn 分配系数的关系,结果发现,蚯蚓 48 h 的死亡率随猪粪堆肥中 DTPA 提取态 Cu、Zn 分配系数的增加而增加,并呈线性相关,这表明,DTPA 提取态 Cu 和 Zn 对蚯蚓具有较强的急性毒性。此外,蚯蚓 48 h 的死亡率与 DTPA 提取态 Cu 分配系数的相关性高于与 DTPA 提取态 Zn 分配系数的相关性,这可能由于 Cu 对蚯蚓的毒性较强。已有研究也表明,蚯蚓对猪粪中的 Zn 的吸收

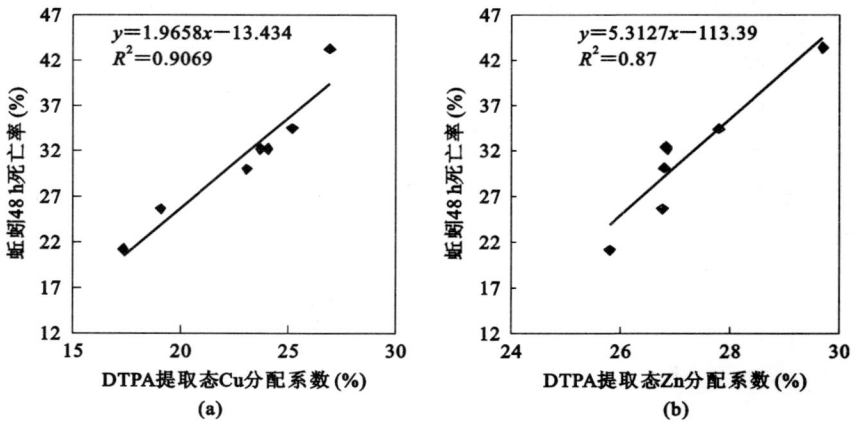

图 4-7　蚯蚓 48 h 死亡率与 DTPA 提取态 Cu、Zn 分配系数相关性

（a）蚯蚓 48 h 死亡率与 DTPA 提取态 Cu 分配系数相关性；

（b）蚯蚓 48 h 死亡率与 DTPA 提取态 Zn 分配系数相关性

能力较强，而对 Cu 的吸收能力较弱[252]，土壤中 Cu 污染对蚯蚓的毒害作用较 Zn 污染强[253]，土壤中 Cu 的浓度与蚯蚓死亡率显著相关[145]。

4.3　本章小结

（1）猪粪堆肥过程中，添加竹炭能够稀释堆肥物料重金属浓度，堆肥产品重金属 Cu、Zn 的含量随着竹炭添加量的增加而减少。

（2）添加竹炭能够减少堆肥产品中 DTPA 提取态 Cu、Zn 含量，DTPA 提取态 Cu、Zn 含量随着竹炭添加量的增加而降低，而添加竹炭＋竹醋液能够进一步降低 DTPA 提取态 Cu、Zn 含量。与对照处理相比，堆肥原料中分别添加 3％、6％和 9％的竹炭，以及 3％竹炭＋0.2％竹醋液、3％竹炭＋0.4％竹醋液和 3％竹炭＋0.6％竹醋液，堆肥物料中 DTPA 提取态 Cu 的分配系数可相应降低 6.2％、29.0％、35.1％、10.5％、13.7％和 11.2％，DTPA 提取 Zn 的分配系数可相应降低 18.6％、30.9％、39.2％、28.6％、29.0％和 28.7％。

这表明,添加竹炭对猪粪堆肥产品中的 Cu、Zn 具有很好的钝化作用,钝化作用随着竹炭添加量的增加而增强;添加竹炭＋竹醋液能够增强对 Cu、Zn 的钝化效果。

（3）添加竹炭和竹炭＋竹醋液能够减轻堆肥产品对蚯蚓的急性毒性,DTPA 提取态 Cu、Zn 分配系数与蚯蚓 48 h 死亡率呈正相关性。

5 添加竹炭及竹醋液猪粪堆肥对黑麦草和黄瓜生长的影响

目前,已有研究者开展了竹炭施用对植物生长及土壤性质影响方面的研究,但是这些研究多是基于竹炭直接施入土壤[183,184,226],而以竹炭、竹醋液作为猪粪堆肥过程污染物控制材料,并研究所制备堆肥施用对植物生长介质性质、植物生长及重金属污染物控制影响的报道却较少。

草坪建设对城市绿化、环境保护和生态平衡起着重要的作用,是城市现代化的重要标志,草皮基质的研制和供应不足是限制草皮生产的重要因素之一。传统草皮生产中,每完成一次草皮生产过程,至少要铲去 1.5～2 cm 的表层熟土,连续的 3～4 次操作,会消耗大量耕层土壤从而降低土壤质量[254]。此外,无土栽培过程中往往需要大量的基质,泥炭也称草炭,是目前世界上应用最广泛、效果较理想的一种无土栽培基质。然而泥炭分布不均,运输困难,销售价格高,而且泥炭是一种短期内不可再生的资源,贮藏总量有限,不可能无限制开采;另外,泥炭主要来自泥炭地和沼泽地生态系统,泥炭中有机质含量一般都在 60％以上,最高达 95％,而有机质的主要成分是碳,因此,泥炭贮存了大量碳,是重要的碳库,减少泥炭的消耗无疑可以减缓温室效应。减少泥炭的用量或寻找泥炭替代品一直是多年来无土栽培基质选择的一个热点。

随着规模化生猪养殖业的快速发展,我国每年都有大量的猪粪有待处置。猪粪既是一种污染物质,也是一种优质的肥料资源。猪粪堆肥化处理后可杀灭病原菌和寄生虫,消除臭味,而且由于生物的降解作用,猪粪中的养分更容易被植物吸收利用[44,45],但猪粪堆肥中往往含有大量的 Cu、Zn 等重金属[24,25]而限制了其堆肥化应用。

如果将猪粪堆肥与土壤混合用作草坪栽培基质,不但可避开食物链减少风险使猪粪堆肥的出路得以通畅,而且可减少草皮生产对土壤的消耗和养分的需求,对于城市的草坪业发展(尤其是草皮卷生产)也将起到一定的推动作用。此外,若将猪粪堆肥替代部分泥炭用作优质廉价的无土栽培基质,则将不仅有助于大量消纳猪粪,而且还可部分解决无土栽培的基质需求问题,减少对泥炭资源的消耗。因此,本研究采用盆栽研究,分别以黑麦草和黄瓜为供试植物,研究了 3 种猪粪堆肥不同添加比例下对盆栽基质理化性质、植物生长状况及植物与污染物之间相互作用的影响;探讨了猪粪堆肥在基质资源化利用过程中的生物和环境效应,以及竹炭添加对猪粪堆肥肥效及污染物控制的影响和作用机理。

5.1　研究材料与方法

5.1.1　研究材料

(1) 黄瓜(*Cucumis sativus Linn.*)品种为新泰密刺,购自浙江省种子公司;

(2) 黑麦草(*Lolium perenne L.*)品种为赛车,购自杭州虹越花卉有限公司;

(3) 泥炭品牌 FAFARD,产地加拿大,购自杭州虹越花卉有限公司;

(4) 研究用 PVC 盆,购自杭州凤起花鸟城;

(5) 黑麦草盆栽土壤类型是黄松土,取自浙江大学华家池校区试验农场;

(6) 堆肥:分别为前期研究所制备的添加了 9％竹炭、3％竹炭＋0.4％竹醋液及未添加竹炭的腐熟猪粪堆肥,并陈化处理一段时间。

供试材料基本性质如表 5-1 所示。

表 5-1　研究材料理化性质

项目	黄松土	泥炭	9%BC 堆肥	3%BC+0.4%BV 堆肥	无竹炭堆肥
N(%)	0.41 ± 0.01	0.62 ± 0.01	2.39 ± 0.12	2.51 ± 0.11	2.18 ± 0.1
P (P_2O_5,%)	0.30 ± 0.02	0.04 ± 0.00	4.69 ± 0.30	4.28 ± 0.60	3.73 ± 0.03
K (K_2O,%)	0.61 ± 0.01	0.03 ± 0.00	1.50 ± 0.02	1.34 ± 0.01	1.33 ± 0.01
Cu ($mg\cdot kg^{-1}$)	20.8 ± 1.2	2.3 ± 0.2	529 ± 12.3	609 ± 22.8	751 ± 29.8
Zn ($mg\cdot kg^{-1}$)	157 ± 8.6	3.56 ± 0.2	1364 ± 50.3	1518 ± 55.6	1719 ± 60.8
pH 值	$7.22\sim7.26$	$5.43\sim5.61$	$8.35\sim8.44$	$7.82\sim7.83$	$7.63\sim7.76$
EC ($mS\cdot cm^{-1}$)	0.08 ± 0.01	1.23 ± 0.01	3.65 ± 0.02	3.88 ± 0.02	4.56 ± 0.02
有机质 ($g\cdot kg^{-1}$)	22.5 ± 2.07	861 ± 23.6	735 ± 21.5	714 ± 22.3	679 ± 20.1

5.1.2　研究设计

5.1.2.1　猪粪堆肥黑麦草盆栽研究

3 种腐熟的猪粪堆肥与土壤按 0、5%、15%、30%比例混合,具体配比及处理编号如表 5-2 所示。

表 5-2　黑麦草盆栽研究基质原料组成

处理	原料配比
CK	土壤＝100%
F-1	无竹炭猪粪堆肥：土壤＝5%：95%
F-2	9%BC 猪粪堆肥：土壤＝5%：95%
F-3	3%BC+0.4%BV 猪粪堆肥：土壤＝5%：95%
F-4	无竹炭猪粪堆肥：土壤＝15%：85%
F-5	9%BC 猪粪堆肥：土壤＝15%：85%
F-6	3%BC+0.4%BV 猪粪堆肥：土壤＝15%：85%
F-7	无竹炭猪粪堆肥：土壤＝30%：70%

处理	原料配比
F-8	9％BC 猪粪堆肥：土壤＝30％：70％
F-9	3％BC＋0.4％BV 猪粪堆肥：土壤＝30％：70％

盆栽使用直径 18 cm、高 16 cm 的底部带出水孔 PVC 盆,底部出水孔用纱网堵住,基质混匀后装填。黑麦草播种出苗后每盆留 12 株,每个处理 6 个重复,各处理随机摆放于温度变化范围在 20～35 ℃的温室中。每天观察黑麦草长势,视情况浇灌去离子水。黑麦草生长到 40 d 左右时收割,并分别用清水和去离子水清洗干净,称重,留少量用于叶绿素测定,其余于 105 ℃杀青 0.5 h,然后于 80 ℃烘干至恒重,测定其干重,粉碎后测定氮、磷及重金属含量。此外,在黑麦草种植前采集盆栽基质样品供后续指标测定用。

5.1.2.2 猪粪堆肥代替泥炭用作黄瓜育苗基质研究

该研究使用与黑麦草盆栽研究相同的 PVC 盆和温室,研究在同期开展。利用相同的 3 种腐熟猪粪堆肥分别替代 25％、35％、45％的泥炭,同时设定全部为泥炭的处理为对照,各处理物料具体配比及编号如表 5-3 所示。

盆栽基质混匀后分别装于 PVC 盆中,另取小部分盆栽基质装填于 72 孔的育苗盘。黄瓜种子先直接播种于装填了盆栽基质的育苗盘中,浇灌相同适量的去离子水置于温室,观察出苗情况并计算出苗率,每个处理设定 30 个重复。测定出苗率后分别选取各处理的壮苗进行温室盆栽定植,每个处理 6 个重复,视瓜苗生长状况适时浇灌去离子水,待苗龄 35 d 时收割,分别测定茎围、株高、最大叶长、最大叶宽、地上部分干重及根干重,根据以下公式计算壮苗指数[255]。此外,黄瓜定植前采集盆栽基质样品供后续理化指标测定用。

$$壮苗指数 = \frac{全株干重}{\dfrac{株高}{茎围} + \dfrac{地上部分干物质重}{根干物质重}}$$

表 5-3　黄瓜无土栽培育苗研究基质原料组成

处理	原料配比
CK	100％泥炭
G-1	无竹炭猪粪堆肥：泥炭＝25％：75％
G-2	9％BC猪粪堆肥：泥炭＝25％：75％
G-3	3％BC＋0.4％BV猪粪堆肥：泥炭＝25％：75％
G-4	无竹炭猪粪堆肥：泥炭＝35％：65％
G-5	9％BC猪粪堆肥：泥炭＝35％：65％
G-6	3％BC＋0.4％BV猪粪堆肥：泥炭＝35％：65％
G-7	无竹炭猪粪堆肥：泥炭＝45％：55％
G-8	9％BC猪粪堆肥：泥炭＝45％：55％
G-9	3％BC＋0.4％BV猪粪堆肥：泥炭＝45％：55％

5.1.3　指标分析及植物管理方法

（1）土壤、泥炭及猪粪堆肥总氮、总磷、总钾、pH 值、电导率及有机质测定

总氮、总磷的测定方法详见 3.1.3，总钾的测定采用火焰光度法[217]，pH 值、电导率的测定方法详见 2.1.4。有机质测定采用重铬酸钾容量法-外加热法，具体方法见《土壤农化分析》[217]。

（2）土壤、植株及猪粪堆肥重金属含量测定

猪粪堆肥及植株样品重金属总量采用体积比为1：1：2硝酸、盐酸和氢氟酸消解，原子吸收法测定[244]。

（3）叶绿素含量测定

叶绿素含量的测定采用张志良[256]的方法，取新鲜叶片，剪去粗大的叶脉并剪成碎块，称取 0.5 g（可视样品叶绿素含量高低而增减用量）放入研钵中加纯丙酮 5 mL、少许碳酸钙和石英砂，研磨成匀浆，再加 80％丙酮 5 mL，将匀浆转入离心管，并用适量 80％丙酮洗涤研钵，一并转入离心管，离心后弃去沉淀，上清液用 80％丙酮定容至 20 mL。取上述色素提取液 1 mL，加 80％丙酮 4 mL 稀释后转入

比色杯中,以 80% 丙酮为对照,分别测定 663 nm、645 nm 处吸光度值。利用以下公式计算叶绿素含量(mg·g^{-1}鲜重),其中:$C_T = 20.21A_{645} + 8.02A_{663}$,$C_T$ 为总叶绿素浓度,A 为吸光度值(mg·mL^{-1})。

$$叶绿素含量 = \frac{C_T \times 提取液总量(mL)}{样品鲜重(g) \times 1000}$$

(4)植物农艺指标测定

株高:测量盆栽基质到植株顶端的高度;茎围:测量距盆栽基质相同高度处植物茎粗;最大叶长(叶宽):选取最大叶片量取叶尖至叶基部的长度及叶片最宽处;单株分蘖数:单株上具有的一叶之上的分蘖数。

5.2　结果与讨论

5.2.1　猪粪堆肥黑麦草盆栽研究

5.2.1.1　猪粪堆肥添加对土壤理化性质的影响

已有研究结果表明,畜禽粪便堆肥的添加可以显著改变土壤的 pH 值、EC 及有机质、氮、磷、钾含量[166]。由表 5-4 可知,与未添加堆肥的对照处理相比,添加堆肥的处理均可显著增加土壤氮、磷含量($P < 0.05$),而含有 9% 竹炭的猪粪堆肥的添加还显著增加了土壤有机质和钾含量。此外,猪粪堆肥的添加对土壤电导率的变化影响显著,较高的土壤电导率表明土壤含有丰富的矿质养分[232],但大量堆肥的添加所带来的矿质养分却有可能给植物的生长带来潜在的危害[257]。

表 5-4　猪粪堆肥添加对黑麦草盆栽研究土壤理化特性的影响

处理	pH 值	EC $(mS \cdot cm^{-1})$	OM[②] $(g \cdot kg^{-1})$	N（%）	P $(P_2O_5，%)$	K $(K_2O，%)$
CK	7.22～7.26f[①]	0.08±0.01d	22.5±2.07e	0.42±0.03f	0.310±0.03f	0.61±0.03f
F-1	7.24～7.28f	0.15±0.02c	35.9±4.36de	0.51±0.02e	0.487±0.03e	0.65±0.07ef
F-2	7.40～7.49e	0.13±0.02c	39.8±7.69d	0.52±0.03e	0.523±0.08e	0.73±0.02cd
F-3	7.50～7.56d	0.14±0.01c	37.2±5.46de	0.53±0.04e	0.500±0.01e	0.68±0.03de
F-4	7.53～7.59d	0.30±0.02b	96.4±9.11c	0.66±0.08d	0.807±0.04d	0.74±0.02cd
F-5	8.17～8.20b	0.29±0.02b	102±5.99c	0.69±0.03cd	0.987±0.01c	0.74±0.03cd
F-6	8.61～8.65a	0.26±0.04b	98.7±6.19c	0.73±0.06c	0.893±0.11d	0.71±0.05cde
F-7	7.50～7.55d	0.53±0.02a	211±10.4b	0.99±0.01b	1.19±0.05b	0.77±0.03bc
F-8	8.08～8.13c	0.52±0.03a	230±22.6a	1.05±0.03ab	1.39±0.05a	0.87±0.04a
F-9	8.59～8.65a	0.50±0.05a	228±11.5a	1.08±0.04a	1.25±0.03b	0.83±0.03ab

注：①同列数据后相同的小写字母表示不同处理相同指标之间无显著差异（$P<0.05$）。
　　②OM 为有机质。

5.2.1.2　猪粪堆肥添加对黑麦草农艺性状及叶绿素含量的影响

分蘖数、株高及植株干重是植物重要的农艺性状，可以反映植物生长及发育状况。叶绿素含量是草坪草的评价指标和重要的质量指标，它反映草坪草的观赏质量及其生长状态。

由表 5-5 可知，与未添加堆肥的对照处理相比，不同类型猪粪堆肥的添加均能显著增加黑麦草的单株分蘖数、株高、每盆干重及叶绿素含量，这表明猪粪堆肥的添加有利于黑麦草的生长。叶绿素是植物进行光合作用的主要色素，其含量的高低直接影响植物正常的光合作用甚至影响植物正常的新陈代谢。添加猪粪堆肥处理下黑麦草叶绿素含量明显增加，说明添加猪粪堆肥有利于黑麦草进行光合作用，增强了其生长能力。黑麦草各项指标在添加比例 15% 时最大，最大添加比例 30% 下各项指标反而有所下降，这表明猪粪堆肥添加比例并非越大越好，其原因可能在于高的猪粪堆肥添加比例下土壤电导率高（表 5-4），而土壤电导率和土壤盐分相关性较大，由于多数植物可忍受的电导率不超过 0.4 mS·cm^{-1}[258]，因此，高的猪粪堆肥添加比例下较高电导率所体现的过多土壤盐分抑制了黑麦草的生长。此外，Krupa 和 Baszynski[259] 的研究结果表明，过高含量的 Cu、Zn 会阻碍叶绿素合成，影响植物生长，因此，本研究中盆栽基质中较高的 DTPA 提取态 Cu、Zn（表 5-7）可能也会抑制黑麦草的生长。

表 5-5　猪粪堆肥添加对黑麦草农艺性状及叶绿素含量的影响

处理	单株分蘖数 n	株高（cm）	每盆干重（g·pot^{-1}）	叶绿素（g·kg^{-1}）
CK	3.39±0.34h①	14.6±0.48g	1.35±0.08g	0.76±0.08g
F-1	3.81±0.10g	17.6±0.57f	1.73±0.03f	1.13±0.02f
F-2	6.86±0.27d	20.1±0.90e	3.42±0.22d	1.35±0.05d
F-3	6.19±0.29e	19.4±1.18e	2.73±0.05e	1.21±0.02e
F-4	4.92±0.17f	23.1±0.56d	3.73±0.21c	1.41±0.02d
F-5	9.22±0.17a	29.2±0.66a	4.97±0.14a	1.75±0.05a
F-6	7.42±0.30c	27.0±0.62b	4.53±0.24b	1.62±0.05b
F-7	4.58±0.14f	22.9±0.41d	2.81±0.09d	1.40±0.02d
F-8	8.53±0.17b	26.2±0.62bc	4.35±0.15b	1.66±0.02b
F-9	6.53±0.24de	25.8±0.49c	3.79±0.17c	1.53±0.07c

注：①同列数据后相同的小写字母表示不同处理相同指标之间无显著差异（$P<0.05$）。

　　与添加不含竹炭、竹醋液堆肥的处理相比，添加含有竹炭、竹醋液的堆肥处理可以显著增加表 5-5 中黑麦草分蘖数、株高、每盆干重及叶绿素含量，这表明含有竹炭、竹醋液的猪粪堆肥比普通的猪粪堆肥更有利于黑麦草的生长。除株高以外，与添加含有 3% 竹炭＋0.4% 竹醋液的猪粪堆肥相比，添加含 9% 竹炭的猪粪堆肥显著增加了黑麦草分蘖数、每盆干重及叶绿素含量，这表明添加含较多竹炭的猪粪堆肥更有利于黑麦草生长。已有研究也表明竹炭及其他类型生物质炭的添加均能够显著促进植物的生长。其原因可能在于生物质炭能够促进植物对养分的吸收[183,184]。

5.2.1.3　猪粪堆肥添加对黑麦草氮磷含量的影响

　　氮素是草坪草生长的重要营养元素，氮素的吸收有利于草坪草各项质量指标的提高。表 5-6 中结果表明,与对照处理相比,添加猪粪堆肥能够显著提高黑麦草叶片氮素含量;添加含有竹炭、竹醋液猪粪堆肥可显著提高黑麦草根氮含量,而不含竹炭、竹醋液猪粪堆肥仅在 15%、30% 的猪粪堆肥添加比例下显著提高黑麦草根氮素含量。各处理黑麦草叶及根氮含量在 15% 的堆肥添加比例下最大,这表明过大的猪粪堆肥添加比例会抑制黑麦草对氮的吸收和运移。此外,与添加不含竹炭、竹醋液猪粪堆肥处理相比,15% 的猪粪堆肥添加比例下,添加含竹炭、竹醋液的猪粪堆肥显著提高了黑麦草对氮的吸收。

表 5-6　猪粪堆肥添加对黑麦草氮磷含量的影响

处理	N(%)		P(P$_2$O$_5$,%)	
	叶	根	叶	根
CK	0.50±0.03f[①]	0.54±0.01d	0.39±0.04i	0.47±0.04g
F-1	0.80±0.04e	0.85±0.03cd	0.60±0.10h	0.69±0.04f
F-2	0.95±0.06d	1.14±0.04bc	0.84±0.06e	0.94±0.04e
F-3	0.92±0.06de	1.05±0.07bc	0.69±0.04gh	0.76±0.04f
F-4	1.29±0.03b	1.36±0.13b	1.08±0.05c	1.23±0.09c
F-5	1.50±0.11a	1.93±0.73a	1.35±0.06a	1.45±0.09a
F-6	1.44±0.09a	1.86±0.15a	1.22±0.05b	1.34±0.04b
F-7	1.13±0.03c	1.22±0.06bc	0.73±0.05fg	0.88±0.04d
F-8	1.26±0.11b	1.28±0.10b	0.96±0.04d	1.04±0.08d
F-9	1.22±0.11bc	1.31±0.08b	0.81±0.04ef	0.91±0.05e

注:①同列数据后相同的小写字母表示不同处理相同指标之间无显著差异($P<0.05$)。

与对照处理相比,添加猪粪堆肥能够显著提高黑麦草叶及根磷素含量,不同堆肥添加比例下黑麦草对磷素的吸收在添加比例 15% 时达到最大。与添加不含竹炭、竹醋液堆肥处理相比,添加含 9% 竹炭的堆肥显著提高了黑麦草叶片及根磷素含量,而仅在 15% 的添加比例下,添加含 3% 竹炭+0.4% 竹醋液的堆肥才显著增加叶片及根磷素含量。这表明,添加含有较多竹炭的堆肥能够促进黑麦草对磷素的吸收。

5.2.1.4　猪粪堆肥添加对黑麦草 Cu、Zn 含量及土壤 DTPA 提取态 Cu、Zn 含量的影响

如表 5-7 所示,盆栽基质中添加堆肥处理其 DTPA 提取态 Cu、Zn 含量显著高于未添加堆肥处理。这表明,堆肥的添加带来了潜在的重金属污染风险。

表 5-7　盆栽基质及黑麦草重金属含量(单位:mg·kg^{-1})

处理	DTPA-Cu	DTPA-Zn	Cu		Zn	
	盆栽基质	盆栽基质	叶片	根	叶片	根
CK	3.85±0.33g①	15.7±0.85i	7.55±0.33f	35.4±4.01g	15.7±0.85i	35.2±1.78g
F-1	9.19±0.53f	27.9±1.26g	14.3±1.33e	60.4±0.56de	27.9±1.26g	71.1±4.54ef
F-2	6.87±0.71f	21.5±0.53h	11.9±1.17e	46.8±1.70f	21.5±0.53h	65.0±3.11f
F-3	7.50±0.76f	24.1±1.16gh	13.1±1.15e	58.2±1.78e	24.1±1.16gh	78.2±12.6e
F-4	29.3±0.95c	79.8±5.93d	47.3±2.99c	69.5±2.96cd	79.8±5.93d	162±4.69c
F-5	14.3±1.05e	62.6±1.07f	37.9±2.35d	62.2±1.62de	62.6±1.07f	148±2.86d
F-6	22.0±0.71d	69.2±2.38e	41.6±5.01d	65.9±2.20de	69.2±2.38e	153±2.96cd
F-7	56.2±3.06a	160±3.76a	66.8±2.22a	118±16.6a	160±3.76a	294±3.65a
F-8	30.3±2.43c	114±5.05c	52.8±1.87b	77.4±3.72c	114±5.05c	252±10.3b
F-9	42.6±1.51b	131±1.85b	63.9±2.92a	101±6.82b	131±1.85b	286±10.4a

注:①同列数据后相同的小写字母表示不同处理相同指标之间无显著差异($P<0.05$)。

盆栽基质及黑麦草根、叶 Cu、Zn 含量均随着堆肥添加比例的增加而增加,但与添加不含竹炭、竹醋液的猪粪堆肥处理相比,添加含 9％竹炭堆肥明显降低了盆栽基质及黑麦草根、叶片重金属含量,这表明添加含 9％竹炭的猪粪堆肥可减少黑麦草对盆栽基质中重金属的吸收。黑麦草根的重金属含量比叶片的高,其原因可能在于重金属影响了植株根冠细胞分裂使其活性降低,根部吸收的重金属不易向地上部输送[260]。

已有研究表明黑麦草对重金属 Cu、Zn 具有富集能力[261,262],本研究中黑麦草也表现出了对 Cu、Zn 的超强吸收,叶片或根中 Cu、Zn

含量都高于盆栽基质中 DTPA 提取态 Cu、Zn 含量。黑麦草叶片和根中的 Cu、Zn 含量与盆栽基质中的 DTPA 提取态 Cu、Zn 含量表现出很好的线性相关性(图 5-1),这与已有研究认为土壤 DTPA 提取态 Cu、Zn 是植物可利用态与植物体 Cu、Zn 浓度有显著相关性[245] 的结论相一致。

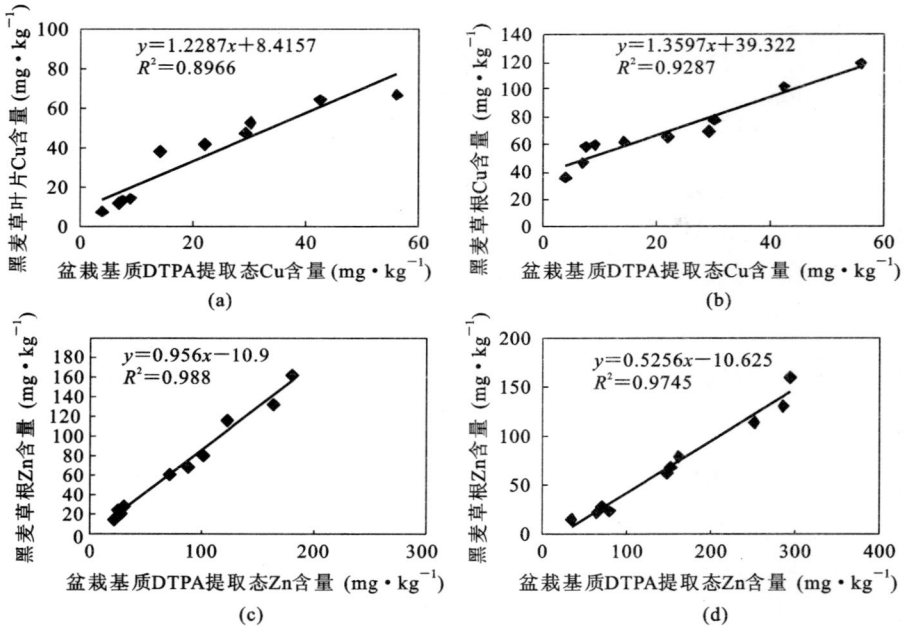

图 5-1　黑麦草 Cu、Zn 含量与盆栽基质 DTPA 提取态 Cu、Zn 含量的相关性
(a)黑麦草叶片 Cu 含量与盆栽基质 DTPA 提取态 Cu 含量相关性;
(b)黑麦草根 Cu 含量与盆栽基质 DTPA 提取态 Cu 含量相关性;
(c)黑麦草叶片 Zn 含量与盆栽基质 DTPA 提取态 Zn 含量相关性;
(d)黑麦草根 Zn 含量与盆栽基质 DTPA 提取态 Zn 含量相关性

5.2.2　猪粪堆肥黄瓜盆栽研究

5.2.2.1　猪粪堆肥替代泥炭对黄瓜育苗基质理化性质的影响

如表 5-8 所示,与纯泥炭处理相比,猪粪堆肥替代部分泥炭可以显著改变黄瓜育苗基质各项理化指标大小,除有机质和 C/N 下降外,其他各项指标均随堆肥替代泥炭比例的增加而显著增大,氮、磷、钾的显著增加可为黄瓜育苗提供充足养分,合适的 C/N 有利于协调

表5-8 黄瓜盆栽育苗基质基本理化性质

处理	CK	G-1	G-2	G-3	G-4
pH	5.49~5.52j①	6.42~6.47i	7.36~7.39e	7.17~7.20f	6.63~6.67h
EC(mS·cm^{-1})	1.23±0.01g	2.93±0.04f	2.88±0.03f	2.89±0.01f	3.56±0.01c
OM(g·kg^{-1})	860±3.18a	730±3.52cd	741±6.11c	769±6.33b	716±7.74e
N(%)	0.65±0.06f	1.17±0.06e	1.33±0.03de	1.35±0.08d	1.59±0.23b
C/N	77.1±7.01a	36.1±1.68b	32.4±1.01b	33.0±2.07b	26.4±3.36c
P(P_2O_5, %)	0.07±0.02f	2.67±0.11e	2.82±0.17de	2.66±0.11e	3.92±0.11b
K(K_2O, %)	0.03±0.00d	0.09±0.01c	0.09±0.01c	0.09±0.01c	0.23±0.03b
NH_4^+-N(g·kg^{-1})	24.6±2.80i	129±4.99h	153±5.43g	183±15.15f	196±5.92e
NO_3^--N(g·kg^{-1})	14.6±0.16j	392±5.92i	462±6.98h	493±7.44g	543±8.22f
Cu(mg·kg^{-1})	2.29±0.09i	40.2±1.65g	28.9±1.19h	33.0±1.36gh	116±4.77d
Zn(mg·kg^{-1})	3.53±0.09i	88.5±2.36g	70.9±1.89h	78.5±2.10gh	258±6.91d

处理	G-5	G-6	G-7	G-8	G-9
pH	7.75~7.78c	7.66~7.71d	6.96~6.98g	8.13~8.15a	8.08~8.13b
EC(mS·cm^{-1})	3.09±0.01e	3.42±0.07d	3.92±0.05a	3.38±0.05d	3.78±0.01b
OM(g·kg^{-1})	630±12.5h	765±8.36b	667±0.04g	718±9.04de	691±10.2f
N(%)	1.42±0.12cd	1.63±0.07b	1.85±0.06a	1.56±0.02bc	1.86±0.10a
C/N	25.9±2.63cd	27.2±0.81c	20.9±0.88e	26.6±0.61c	21.6±0.79de
P(P_2O_5, %)	2.99±0.37d	3.45±0.11c	4.78±0.16a	3.40±0.10c	4.64±0.21a
K(K_2O, %)	0.21±0.02b	0.21±0.02b	0.44±0.05a	0.39±0.05a	0.39±0.05a
NH_4^+-N(g·kg^{-1})	223±6.03d	237±6.86c	214±6.39d	250±6.54b	263±6.90a
NO_3^--N(g·kg^{-1})	650±9.83d	674±10.2c	634±9.59e	754±11.4b	831±12.6a
Cu(mg·kg^{-1})	82.3±3.38f	94.4±3.88e	230±9.45a	162±6.67c	187±7.67b
Zn(mg·kg^{-1})	206±5.49f	228±6.10e	513±13.7a	408±10.9c	453±12.1b

注：①同列数据后相同的小写字母表示不同处理相同指标之间无显著差异（$P<0.05$）。

植物和微生物生长对养分的需求。与不添加竹炭的堆肥替代泥炭相比，添加竹炭堆肥替代泥炭处理显著提高了盆栽基质 NH_4^+-N、NO_3^--N 含量，同时显著降低了 Cu、Zn 含量。这表明，与不添加竹炭的堆肥相比，添加竹炭的堆肥替代泥炭更有利于改善黄瓜育苗基质理化性质。

5.2.2.2　猪粪堆肥替代泥炭对黄瓜出苗率及生长状况的影响

表 5-9 列出了不同处理盆栽基质对黄瓜出苗率和生长状况的影响。猪粪堆肥替代部分泥炭降低了黄瓜出苗率，猪粪堆肥替代 25％ 泥炭时，各处理黄瓜出苗率未显著降低；猪粪堆肥替代 35％ 泥炭时，仅以不添加竹炭的堆肥替代泥炭的处理显著降低了出苗率，这表明添加竹炭的堆肥替代泥炭比普通堆肥更有利于黄瓜的出苗；猪粪堆肥替代 45％ 泥炭时，所有处理黄瓜出苗率均显著降低，这可能是基质中高重金属含量及高电导率所体现的高盐分所致[263]。不同比例的猪粪堆肥替代泥炭虽然对出苗率有不利的影响，但选取壮苗定植后，猪粪堆肥替代泥炭都有利于幼苗叶片数、最大叶长、最大叶宽及叶绿素含量的提高和培养壮苗，黄瓜幼苗生长状况在猪粪堆肥替代 25％ 泥炭时最好，45％ 的替代比例时最差。

表 5-9　猪粪堆肥替代泥炭对黄瓜出苗率及生长状况的影响

处理	出苗率（％）	叶片数 n	最大叶长（cm）	最大叶宽（cm）	叶绿素（g·kg^{-1}）
CK	100.0±0.0a[①]	4.0±0.00h	7.3±0.12f	7.2±0.13f	0.36±0.02c
G-1	93.3±5.8abc	8.0±0.00bc	11.9±0.59a	12.6±0.63ab	1.65±0.01a
G-2	96.7±5.8ab	9.3±0.50a	11.8±0.67a	13.3±0.57a	1.73±0.36a
G-3	96.7±5.8ab	8.5±0.58ab	11.8±1.06a	13.2±0.92a	1.68±0.07a
G-4	86.7±5.8bcd	6.5±0.58de	11.2±0.56ab	10.3±0.76d	1.59±0.37ab
G-5	96.7±5.8ab	7.8±0.50bc	10.7±0.60abc	12.0±1.06bc	1.61±0.08ab
G-6	93.3±5.8abc	7.3±0.50cd	9.6±0.95cd	12.0±0.42bc	1.61±0.30ab
G-7	80.0±0.0d	4.5±0.58gh	7.8±0.67ef	8.0±0.03ef	1.21±0.46ab
G-8	83.3±11.5cd	5.8±0.50ef	10.0±0.55bc	11.3±0.65cd	1.46±0.13b
G-9	86.7±5.8bcd	5.3±0.96fg	8.5±0.73de	8.9±1.19e	1.43±0.07ab

注：①同列数据后相同的小写字母表示不同处理相同指标之间无显著差异（$P < 0.05$）。

5.2.2.3 猪粪堆肥替代泥炭对黄瓜壮苗指数的影响

从表 5-10 黄瓜幼苗的生长状况可知，与纯泥炭处理相比，猪粪堆肥替代部分泥炭有利于黄瓜茎围、株高、地上部分干重、根干重及壮苗指数的提高，茎围、根干重的增加表明植物更加粗壮、根系更加发达，是植株健壮的体现，该结果表明猪粪堆肥替代泥炭有利于培育黄瓜壮苗。然而，黄瓜壮苗指数随猪粪替代泥炭比例的增加而降低，与纯泥炭处理相比，只有猪粪堆肥替代 25％和 35％泥炭时才显著增加了黄瓜壮苗指数，这表明猪粪堆肥替代泥炭虽然可以促进黄瓜幼苗生长，但猪粪堆肥替代过多泥炭却不利于提高壮苗指数，这是由于过多的猪粪堆肥并不利于黄瓜的生长（表 5-9）。猪粪堆肥替代 25％泥炭时，含 9％竹炭的堆肥比含 3％竹炭＋0.4％竹醋液的堆肥显著提高了壮苗指数，这表明堆肥中竹炭的增加更有利于提高黄瓜壮苗指数。

本研究结果表明，猪粪堆肥可替代部分泥炭用作黄瓜育苗基质，结合表 5-9 黄瓜出苗率分析认为猪粪堆肥替代泥炭比例不宜过大，以25％最佳，35％次之，这可能是由于过大的堆肥替代比例下，猪粪堆肥中过高的盐分和重金属含量抑制了黄瓜幼苗对养分的吸收和运输。

表 5-10　猪粪堆肥替代泥炭对黄瓜壮苗指数的影响

处理	茎围(cm)	株高(cm)	地上部分干重(g)	根干重(g)	壮苗指数
CK	$1.09\pm0.16d$[①]	$20.6\pm1.20e$	$0.537\pm0.072f$	$0.037\pm0.002f$	$0.017\pm0.001g$
G-1	$2.10\pm0.07b$	$36.1\pm1.51c$	$2.10\pm0.112ab$	$0.120\pm0.010c$	$0.064\pm0.002c$
G-2	$2.50\pm0.10a$	$41.4\pm1.34a$	$2.21\pm0.137a$	$0.257\pm0.021a$	$0.098\pm0.004a$
G-3	$2.37\pm0.13ab$	$36.8\pm1.72bc$	$1.81\pm0.149d$	$0.210\pm0.006b$	$0.083\pm0.003b$
G-4	$2.07\pm0.33b$	$37.2\pm1.58bc$	$1.22\pm0.070e$	$0.057\pm0.003de$	$0.031\pm0.003ef$
G-5	$2.10\pm0.14b$	$39.1\pm2.67ab$	$2.00\pm0.072bc$	$0.070\pm0.008d$	$0.043\pm0.002d$
G-6	$2.07\pm0.21b$	$39.8\pm0.54a$	$1.87\pm0.139cd$	$0.067\pm0.015d$	$0.042\pm0.005d$
G-7	$1.67\pm0.31c$	$36.2\pm0.77c$	$1.20\pm0.131e$	$0.040\pm0.003ef$	$0.023\pm0.003fg$
G-8	$2.10\pm0.07b$	$31.6\pm0.65d$	$1.36\pm0.071e$	$0.053\pm0.005def$	$0.033\pm0.003e$
G-9	$1.60\pm0.01c$	$31.2\pm0.61d$	$1.26\pm0.031e$	$0.043\pm0.005ef$	$0.027\pm0.002efg$

注：①同列数据后相同的小写字母表示不同处理相同指标之间无显著差异（$P<0.05$）。

5.3　本章小结

（1）猪粪堆肥产品的合理添加可提高土壤肥力，尤其是添加含有竹炭和竹炭＋竹醋液的猪粪堆肥效果更为明显，但猪粪堆肥产品的过量添加会大幅增加土壤电导率及 DTPA 提取态 Zn、Cu 含量。

（2）猪粪堆肥产品的添加比例为 15％时，黑麦草单株分蘖数、株高、每盆干重、叶绿素及氮磷的含量达到最大值。添加含有竹炭的猪粪堆肥产品更能促进黑麦草对养分的吸收及其生长，当添加竹炭含量为 9％的猪粪堆肥产品时，可减少黑麦草对堆肥产品中 DTPA 提取态重金属的吸收量。

（3）利用猪粪堆肥产品替代部分泥炭，可显著提高黄瓜育苗基质中的养分含量，并大幅降低 C/N。添加含有竹炭的堆肥产品，有利于降低基质的电导率和重金属含量，从而改善黄瓜育苗基质的理化性质。对于黄瓜幼苗而言，需要控制适宜的猪粪堆肥替代泥炭比例，当替代比例为 25％时可获得最大壮苗指数，而添加含有竹炭的堆肥产品更有利于提高黄瓜壮苗指数。

6 结论与展望

6.1 结 论

本书在综述我国规模化生猪养殖业污染现状及治理技术的基础上,针对传统猪粪堆肥过程存在升温启动慢、脱水效率低、氮素损失严重、重金属钝化效果差等问题,以规模化生猪养殖鲜粪为堆肥原料,系统研究了竹炭和竹醋液添加对猪粪堆肥快速升温、脱水、氮素损失控制、磷素活性调节和重金属钝化效果的影响;并通过温室盆栽研究了添加竹炭及竹醋液对猪粪堆肥产品肥效与品质的影响。其研究成果可为猪粪堆肥过程中的升温、脱水、氮素损失控制、磷素活化、重金属钝化,以及堆肥产品的资源化利用提供新的技术途径。主要研究结论如下:

6.1.1 竹炭及竹醋液对猪粪堆肥过程理化参数及微生物群落多样性的影响

(1)添加竹炭及竹炭+竹醋液处理能够快速启动堆肥反应,缩短堆肥升温期,延长堆肥高温期持续时间,从而加快堆肥物料水分散失,提高堆肥物料的最终脱水率;添加竹炭及竹炭+竹醋液降低了猪粪堆肥高温期 pH 值及堆肥产品的电导率值,显著提高了堆肥产品种子发芽指数。

(2)竹炭及竹炭+竹醋液的添加能够提高猪粪堆肥过程及堆肥产品的微生物群落多样性。

6.1.2　竹炭及竹醋液对猪粪堆肥过程氮素损失控制及磷素活化的影响

（1）竹炭的添加能够减少猪粪堆肥氮素损失，添加适当比例的竹炭和竹醋液对堆肥过程中的氮素损失具有协同控制效果。

（2）添加竹炭及竹炭＋竹醋液能够提高猪粪堆肥产品的有机磷和有效磷含量。

6.1.3　竹炭及竹醋液对猪粪堆肥过程重金属钝化的影响

（1）竹炭的添加能够稀释堆肥产品重金属浓度，对猪粪堆肥中的 Cu、Zn 具有很好的钝化效果，添加竹炭＋竹醋液可增强对 Cu、Zn 的钝化效果。

（2）添加竹炭和竹炭＋竹醋液还可减轻堆肥浸提液对蚯蚓的急性毒性，显著降低堆肥浸提液对蚯蚓的 48 h 致死率。

6.1.4　添加竹炭及竹醋液猪粪堆肥对黑麦草和黄瓜生长的影响

（1）添加含有竹炭的猪粪堆肥产品更能强化黑麦草对养分的吸收和生长，当添加竹炭含量为 9％的猪粪堆肥产品时，可减少黑麦草对堆肥产品中 DTPA 提取态重金属的吸收量。

（2）含有竹炭的猪粪堆肥替代部分泥炭，可显著提高黄瓜育苗基质中的养分含量，并大幅降低 C/N，改善黄瓜育苗基质的理化性质，获得更高的黄瓜壮苗指数。

6.2　展　　望

本书重点探讨了竹炭及竹醋液添加对于堆肥升温、脱水、氮素损失控制、重金属钝化及堆肥产品施用等方面的作用效果,丰富了畜禽养殖废物堆肥技术相关内容。但作者认为,结合行业动态发展,下一步应在以下方面开展深入研究:

(1)堆肥过程氮素转化和损失与氮素循环相关功能微生物关系密切。竹炭和竹炭+竹醋液添加与猪粪堆肥过程氮素循环微生物的活性及群落结构之间的相关性还有待研究。

(2)竹炭及竹醋液的添加减少了猪粪堆肥氮素损失,但氮素损失的减少可能会影响微生物的碳氮代谢,因此,竹炭及竹醋液对猪粪堆肥过程中 CO_2 及 NO_x 等温室气体排放究竟有何影响还有待进一步研究。

(3)猪粪堆肥中抗生素类兽药残留问题直接关系到农产品安全。竹炭和竹炭+竹醋液的添加能否促进猪粪堆肥过程抗生素类兽药的降解和转化值得开展研究。

参 考 文 献

[1] JEONG Y K，KIM J S. A new method for conservation of nitrogen in aerobic composting processes[J]. Bioresource Technology，2001，79(2)：129-133.

[2] RAVIV M，MEDINA S，KRASNOVSKY A，et al. Organic matter and nitrogen conservation in manure compost for rrganic agriculture [J]. Compost Science & Utilization，2013，12(1)：6-10.

[3] WONG J W，SELVAM A. Speciation of heavy metals during co-composting of sewage sludge with lime[J]. Chemosphere，2006，63(6)：980-986.

[4] 章明奎，顾国平. 不同来源畜禽粪中磷铜锌化学形态及释放潜力研究[J]. 中国生态农业学报，2008，16(1)：96-99.

[5] 李鹏，齐广海. 饲料添加剂的使用安全研究进展[J]. 饲料工业，2006，27(18)：7-10.

[6] 李庆康，吴雷，刘海琴，等. 我国集约化畜禽养殖场粪便处理利用现状及展望[J]. 农业环境科学学报，2000，19(4)：251-254.

[7] 俞丹宏，潘根长. 浙江省畜禽养殖业的污染问题及防治对策[J]. 浙江畜牧兽医，2001，26(2)：14.

[8] TIQUIA S M，TAM N F Y，HODGKISS I J. Microbial activities during composting of spent pig-manure sawdust litter at different moisture contents[J]. Bioresource Technology，1996，55(3)：201-206.

[9] VAN DER PEET-SCHWERING C M C，JONGBLOED A W，AARNINK A J A. Nitrogen and phosphorus consumption，utilisation and losses in pig production：The Netherlands[J]. Livestock Production Science，1999，58，213-224.

[10] 孔源，韩鲁佳. 我国畜牧业粪便废弃物的污染及其治理对策的探讨[J]. 中国农业大学学报，2002，7(6)：92-96.

[11]　王方浩，马文奇，窦争霞，等. 中国畜禽粪便产生量估算及环境效应[J]. 中国环境科学，2006，26(5)：614-617.

[12]　张庆忠，陈欣，沈善敏. 农田土壤硝酸盐积累与淋失研究进展[J]. 应用生态学报，2002，13(2)：233-238.

[13]　刘卫东，黄炎坤. 鸡场粪污的综合治理[J]. 畜牧兽医杂志，2000，19(1)：25-27.

[14]　葛刚. 环境中的浮游植物毒素[J]. 环境导报，1994(2)：41.

[15]　SOMMER S G，HUTCHINGS N J. Ammonia emission from field applied manure and its reduction—invited paper[J]. European Journal of Agronomy，2001，15(1)：1-15.

[16]　姚丽贤，李国良，党志. 集约化养殖禽畜粪中主要化学物质调查[J]. 应用生态学报，2006，17(10)：1989-1992.

[17]　王辉，董元华，张绪美，等. 江苏省集约化养殖畜禽粪便盐分含量及分布特征分析[J]. 农业工程学报，2007，23(11)：229-233.

[18]　王辉，董元华，张绪美，等. 集约化养殖畜禽粪便农用对土壤次生盐渍化的影响评估[J]. 环境科学，2008，29(1)：183-188.

[19]　闫明宇，张丽. 黑龙江省土壤磷肥施用实用技术[J]. 农业与技术，2007，27(1)：119-120.

[20]　CANG L，WANG Y J，ZHOU D M，et al. Heavy metals pollution in poultry and livestock feeds and manures under intensive farming in Jiangsu Province，China[J]. Journal of Environmental Sciences，2004，16(3)：371-374.

[21]　ZHOU D M，HAO X Z，WANG Y J，et al. Copper and Zn uptake by radish and pakchoi as affected by application of livestock and poultry manures[J]. Chemosphere，2005，59，167-175.

[22]　田允波，曾书琴. 高铜改善猪生产性能和促生长机理的研究进展[J]. 黑龙江畜牧兽医，2000(11)：31-33.

[23]　杨定清，傅绍清. 施用高锌猪粪对土壤环境污染的影响[J]. 四川环境，2000，19(2)：30-33.

[24]　MANTOVI P，BONAZZI G，MAESTRI E，et al. Accumulation of copper and zinc from liquid manure in agricultural soils and crop plants[J]. Plant and Soil，2003，250(2)：249-257.

[25] 张树清，张夫道，刘秀梅，等. 规模化养殖畜禽粪主要有害成分测定分析研究[J]. 植物营养与肥料学报，2005，11(6)：822-829.

[26] 刘荣乐，李书田，王秀斌，等. 我国商品有机肥料和有机废弃物中重金属的含量状况与分析[J]. 农业环境科学学报，2005，24(2)：392-397.

[27] VERDONCK O. Compost specifications[J]. International Symposium on Composting & Use of Composted Material in Horticulture，1998，469(469)：169-177.

[28] 黄灿，唐新燕，李季，等. 几种放线菌处理后对猪粪中主要病原菌和恶臭产生菌的影响研究[J]. 农业环境科学学报，2007，26(5)：1958-1962.

[29] 汪雅谷，张四荣. 无污染蔬菜生产的理论与实践[M]. 北京：中国农业出版社，2001.

[30] 冯勐. 规模养殖场粪便污染及降低污染的对策[J]. 中国畜牧兽医文摘，2007(3)：20-22.

[31] 钱靖华，田宁宁，任远. 规模化猪场粪污治理存在的问题及对策[J]. 中国畜牧杂志，2006，42(20)：57-59.

[32] 刑廷铣. 畜牧业生产对生态环境的污染及其防治[J]. 环境科学导刊，2001，20(1)：39-43.

[33] 李银生，曾振灵. 兽药残留的现状与危害[J]. 中国兽药杂志，2002，36(1)：29-33.

[34] CAPONE D G，WESTON D P，MILLER V，et al. Antibacterial residues in marine sediments and invertebrates following chemotherapy in aquaculture[J]. Aquaculture，1996，145(1-4)：55-75.

[35] INGHAM E R，COLEMAN D C，DAJR C. Use of sulfamethoxazole-penicillin，oxytetracycline，carbofuran，carbaryl，naphthalene and temik to remove key organism groups in soil in a corn agroecosystem [J]. Journal of Sustainable Agriculture，1994，4(3)：7-30.

[36] HALLING-SØRENSEN B，SENGELØV G，TJØRNELUND J. Toxicity of tetracyclines and tetracycline degradation products to environmentally relevant bacteria，including selected tetracycline-resistant bacteria[J]. Archives of Environmental Contamination & Toxicology，2002，42(3)：263-271.

[37] MITLOEHNER F M, SCHENKER M B. Commentary：environmental exposure and health effects from concentrated animal feeding operations[J]. Epidemiology，2007，18(3)：309-311.

[38] 黄灿，唐新燕，彭绪亚. 猪排泄物恶臭产生与控制的微生物学原理[J]. 中国生态农业学报，2009，17(4)：823-828.

[39] 吴淑杭，姜震方，俞清英. 禽畜粪便污染现状与发展趋势[J]. 上海农业科技，2002(1)：9-10.

[40] 王芬. 养禽与禽病防治[M]. 北京：中国农业大学出版社，2012.

[41] 贾华清. 畜禽粪便的除臭技术研究进展[J]. 安徽农学通报，2007，13(5)：49-51.

[42] PEIGNÉ J, GIRARDIN P. Environmental impacts of farm-scale composting practices[J]. Water, Air & Soil Pollution, 2004, 153(1)：45-68.

[43] NDEGWA P M, HRISTOV A N, AROGO J, et al. A review of ammonia emission mitigation techniques for concentrated animal feeding operations[J]. Biosystems Engineering, 2008, 100(4)：453-469.

[44] 郭亮. 猪场废弃物强制通风静态垛堆肥系统的研究[D]. 北京：中国农业大学，2002.

[45] 凌云，路葵，徐亚同. 禽畜粪便好氧堆肥研究进展[J]. 上海化工，2003(6)：7-10.

[46] 常连国，赵福林. 生活垃圾堆肥在林业上的应用[J]. 山西林业科技，2002(3)：21-23.

[47] 庞金华，程平宏，余廷园. 高温堆肥的水气矛盾[J]. 农业环境科学学报，1999(2)：73-75.

[48] 吴银宝，汪植三，廖新俤，等. 猪粪堆肥臭气产生与调控的研究[J]. 农业工程学报，2001，17(5)：82-87.

[49] 胡天觉，曾光明，黄国和，等. 好氧堆肥中不同吸附料对氨吸附效果及堆肥性质的影响[J]. 环境科学，2005，26(1)：190-195.

[50] 张清敏，陈卫平，胡国臣，等. 污泥有效利用研究进展[J]. 农业环境科学学报，2000，19(1)：58-61.

[51] 章非娟. 城市污水厂污泥的堆肥处理[J]. 中国给水排水，1991(3)：

36-39.

[52]　HAUG R T. The practical handbook of compost engineering [M]. Boca Raton：Lewis Publishers，1993.

[53]　LAU A K, LO K V, LIAO P H, et al. Aeration experiments for swine waste composting[J]. Bioresource Technology，1992，41(2)：145-152.

[54]　徐红，樊耀波. 时间温度联合控制的强制通风污泥堆肥技术[J]. 环境科学，2000，21(6)：51-55.

[55]　杨国义，夏钟文，李芳柏，等. 不同通风方式对猪粪高温堆肥氮素和碳素变化的影响[J]. 农业环境科学学报，2003，22(4)：463-467.

[56]　廖新俤，吴银宝. 通风方式和气温对猪粪堆肥的影响[J]. 华南农业大学学报，2003，24(2)：77-80.

[57]　左秀锦，巩潇，曹建明，等. 有机固体废弃物厌氧发酵处理的研究进展[J]. 安徽农业科学，2008，36(21)：9263-9265.

[58]　史金才，廖新俤，吴银宝. 猪粪厌氧发酵产气的优化条件研究[J]. 家畜生态学报，2008，29(4)：79-83.

[59]　ANGELIDAKI I, AHRING B K. Thermophilic anaerobic digestion of livestock waste：the effect of ammonia[J]. Applied Microbiology and Biotechnology，1993，38(4)：560-564.

[60]　LAY J J, LI Y Y, NOIKE T, et al. Analysis of environmental factors affecting methane production from high-solids organic waste [J]. Water Science & Technology，1997，36(6-7)：493-500.

[61]　张全国，杨群发，李随亮，等. 猪粪沼液中氨态氮含量的影响因素实验研究[J]. 农业工程学报，2005，21(6)：114-117.

[62]　胡振鹏. 利用猪场废弃物发展生态农业的模式研究[J]. 长江流域资源与环境，2009，18(7)：664-668.

[63]　邱江平. 蚯蚓与环境保护[J]. 贵州科学，2000(1-2)：116-133.

[64]　陈玉成，皮广洁，黄伦先，等. 城市生活垃圾蚯蚓处理的因素优化及其重金属富集研究[J]. 应用生态学报，2003，14(11)：2006-2010.

[65]　郭建钦. 国外利用蚯蚓消除畜粪污染的情况[J]. 动物科学与动物医学，1996(1)：7-8.

[66]　孙振钧，孙永明. 我国农业废弃物资源化与农村生物质能源利用的现

状与发展[J]. 中国农业科技导报, 2006, 8(1): 6-13.

[67] 昝林森, 莫泽山. 集约化养殖场粪污蚯蚓处理效果研究[J]. 中国农学通报, 2007, 23: 72-76.

[68] 孙守琢. 畜禽粪便饲料的开发利用[J]. 饲料博览, 1995(3): 30-31.

[69] 李建国, 王金莉. 动物粪便的开发潜力与应用[J]. 畜牧与饲料科学, 2004, 25(4): 13-14.

[70] SINGH Y K, KALAMDHAD A S, ALI M, et al. Maturation of primary stabilized compost from rotary drum composter[J]. Resources Conservation & Recycling, 2009, 53(7): 386-392.

[71] ROCA-PÉREZ L, MARTÍNEZ C, MARCILLA P, et al. Composting rice straw with sewage sludge and compost effects on the soil-plant system[J]. Chemosphere, 2009, 75(6): 781-787.

[72] 费辉盈, 常志州, 王世梅, 等. 畜禽粪便水分特征研究[J]. 农业环境科学学报, 2006(S2): 599-603.

[73] 黄国锋, 钟流举, 张振钿, 等. 猪粪堆肥化处理过程中的氮素转变及腐熟度研究[J]. 应用生态学报, 2002, 13(11): 1459-1462.

[74] 倪姆娣, 陈志银, 程绍明. 不同填充料对猪粪好氧堆肥效果的影响[J]. 农业环境科学学报, 2005, 24(S1): 204-208.

[75] 赵秋, 张明恰, 刘颖, 等. 猪粪堆肥过程中氮素物质转化规律研究[J]. 黑龙江农业科学, 2008(2): 58-60.

[76] 单德鑫, 许景钢, 李淑芹, 等. 牛粪堆肥过程中有机态氮的动态变化[J]. 中国土壤与肥料, 2008(1): 40-43.

[77] 黄红英, 朱万宝, 常志州, 等. 不同堆制方法对牛粪和鸡粪发酵脱水的影响[J]. 农村生态环境, 2003, 19(1): 53-55.

[78] 于海霞, 孙黎, 栾冬梅. 不同调理剂对牛粪好氧堆肥的影响[J]. 农业工程学报, 2006, 22(S2): 235-238.

[79] 李吉进, 邹国元, 徐秋明, 等. 鸡粪堆肥腐熟度参数及波谱的形状研究[J]. 植物营养与肥料学报, 2006, 12(2): 219-226.

[80] 曹喜涛, 黄为一, 常志州, 等. 鸡粪堆肥中氮转化微生物变化特征的初步研究[J]. 土壤肥料, 2004(4): 40-43.

[81] 冯国杰, 成官文, 王瑞平. 菌渣、鸡粪联合堆肥工艺研究[J]. 安全与环境学报, 2007, 7(3): 86-89.

[82] 谢军飞，李玉娥，董红敏，等. 堆肥处理蛋鸡粪时温室气体排放与影响因子关系[J]. 农业工程学报，2003，19(1)：192-195.

[83] JEWELL W J，DONDERO N C，VAN SOEST P J，et al. High temperature stabilization and moisture removal from animal wastes for by-product recovery[R]. Final Report Prepared for the Cooperative State Research Service，USDA，Washington DC，USA，1984，SEA/CR 616-15-168.

[84] 常志州，朱万宝，叶小梅，等. 禽畜粪便生物干燥技术研究[J]. 农业环境保护，2000，19(4)：213-215.

[85] 李玉红，李清飞，王岩. 翻堆次数对牛粪高温堆肥的影响[J]. 河南农业科学，2006，35(7)：70-72.

[86] 魏源送，李承强，樊耀波，等. 不同通风方式对污泥堆肥的影响[J]. 环境科学，2001，22(3)：54-59.

[87] 陈同斌，罗维，郑国砥，等. 翻堆对强制通风静态垛混合堆肥过程及其理化性质的影响[J]. 环境科学学报，2005，25(1)：117-122.

[88] CHOI H L，RICHARD T L，AHN H K. Composting high moisture materials：biodrying poultry manure in a sequentially fed reactor[J]. Compost Science & Utilization，2013，9(4)：303-311.

[89] 周文兵，刘大会，朱端卫. 不同调理剂对猪粪堆肥过程及其养分状况的影响[J]. 华中农业大学学报，2004，23(4)：421-425.

[90] 薛智勇，王卫平，朱凤香，等. 复合菌剂和不同调理剂对猪粪发酵温度及腐熟度的影响[J]. 浙江农业学报，2005，17(6)：354-358.

[91] 王卫平，薛智勇，朱凤香，等. 不同微生物菌剂处理对鸡粪堆肥发酵的影响[J]. 浙江农业学报，2005，17(5)：292-295.

[92] 黄国锋，钟流举，张振钿，等. 有机固体废弃物堆肥的物质变化及腐熟度评价[J]. 应用生态学报，2003，14(5)：813-818.

[93] BUSTAMANTE M A，PAREDES C，MARHUENDA-EGEA F C，et al. Co-composting of distillery wastes with animal manures：carbon and nitrogen transformations in the evaluation of compost stability [J]. Chemosphere，2008，72(4)：551-557.

[94] 鲍艳宇，周启星，颜丽，等. 畜禽粪便堆肥过程中各种氮化合物的动态变化及腐熟度评价指标[J]. 应用生态学报，2008，19(2)：374-380.

[95] 仓龙，李辉信，胡锋，等. 蚯蚓堆制处理牛粪的腐熟度指标初步研究[J]. 生态与农村环境学报，2003，19(4)：35-39.

[96] MEUNCHANG S, PANICHSAKPATANA S, WEAVER R W. Co-composting of filter cake and bagasse: by-products from a sugar mill[J]. Bioresource Technology, 2005, 96(4): 437-442.

[97] PAGANS E, BARRENA R, FONT X, et al. Ammonia emissions from the composting of different organic wastes. Dependency on process temperature[J]. Chemosphere, 2006, 62(9): 1534-1542.

[98] 任丽梅，贺琪，李国学,等. 氢氧化镁和磷酸混合添加剂在模拟堆肥中的保氮效果研究及其经济效益分析[J]. 农业工程学报，2008，24(4)：225-228.

[99] MARTINS O, DEWES T. Loss of nitrogenous compounds during composting of animal wastes[J]. Bioresource Technology, 1992, 42(2): 103-111.

[100] KIRCHMANN H, WITTER E. Ammonia volatilization during aerobic and anaerobic manure decomposition[J]. Plant and Soil, 1989, 115(1): 35-41.

[101] EGHBALL B, POWER J F, GILLEY J E, et al. Nutrient, carbon, and mass loss during composting of beef cattle feedlot manure[J]. Journal of Environmental Quality, 1997, 26(1): 189-193.

[102] KITHOME M, PAUL J W, BOMKE A A. Reducing nitrogen losses during simulated composting of poultry manure using adsorbents or chemical amendments[J]. Journal of Environmental Quality, 1999, 28(1): 194-201.

[103] LIANG Y, LEONARD J J, FEDDES J J, et al. Influence of carbon and buffer amendment on ammonia volatilization in composting[J]. Bioresource Technology, 2006, 97(5): 748-761.

[104] LIANG Y, LEONARD J J, FEDDES J J, et al. A simulation model of ammonia volatilization in composting[J]. International Journal of Academic Research in Business & Social Sciences, 2004, 47(5): 1667-1680.

[105] OSADA T, KURODA K, YONAGA M. Determination of nitrous

oxide, methane, and ammonia emissions from a swine waste composting process[J]. Journal of Material Cycles and Waste Management, 2000, 2(1): 51-56.

[106] EI KADER N A, ROBIN P, PAILLAT J M, et al. Turning, compacting and the addition of water as factors affecting gaseous emissions in farm manure composting[J]. Bioresource Technology, 2007, 98(14): 2619-2628.

[107] EKLIND Y, KIRCHMANN H. Composting and storage of organic household waste with different litter amendments. Ⅱ: nitrogen turnover and losses[J]. Bioresource Technology, 2000, 74(2): 125-133.

[108] 曹喜涛, 黄为一, 常志州, 等. 鸡粪堆制过程中氮素损失及减少氮素损失的机理[J]. 江苏农业学报, 2004, 20(2): 106-110.

[109] 李吉进, 郝晋珉, 邹国元, 等. 畜禽粪便高温堆肥及工厂化生产研究进展[J]. 中国农业科技导报, 2004, 6(3): 50-53.

[110] NAKASAKI K, YAGUCHI H, SASAKI Y, et al. Effects of pH control on composting of garbage [J]. Waste Management & Research, 1993, 11(2): 117-125.

[111] DELAUNE P B, JR M P, DANIEL T C, et al. Effect of chemical and microbial amendments on ammonia volatilization from composting poultry litter [J]. Journal of Environmental Quality, 2004, 33(2): 728-734.

[112] EILAND F, LETH M, KLAMER M, et al. C and N turnover and lignocellulose degradation during composting of Miscanthus straw and liquid pig manure [J]. Compost Science & Utilization, 2001, 9(3): 186-196.

[113] ELWELL D L, HONG J H, KEENER H M. Composting hog manure/sawdust mixtures using intermittent and continuous aeration: ammonia emissions[J]. Compost Science & Utilization, 2013, 10(2): 142-149.

[114] PARKINSON R, GIBBS P, BURCHETT S, et al. Effect of turning regime and seasonal weather conditions on nitrogen and phosphorus losses during aerobic composting of cattle manure[J]. Bioresource

Technology，2004，91(2)：171-178.

[115] PAILLAT J M，ROBIN P，HASSOUNA M，et al. Predicting ammonia and carbon dioxide emissions from carbon and nitrogen biodegradability during animal waste composting[J]. Atmospheric Environment，2005，39(36)：6833-6842.

[116] 庞金华，程平宏. 两种微生物制剂对猪粪堆肥的效果[J]. 农业环境科学学报，1998(2)：71-73.

[117] 王卫平，汪开英，薛智勇，等. 不同微生物菌剂处理对猪粪堆肥中氨挥发的影响[J]. 应用生态学报，2005，16(4)：693-697.

[118] 黄懿梅，曲东，李国学，等. 两种外源微生物对鸡粪高温堆肥的影响[J]. 农业环境科学学报，2002，21(3)：208-210.

[119] KURODA K，HANAJIMA D，FUKUMOTO Y，et al. Isolation of thermophilic ammonium-tolerant bacterium and its application to reduce ammonia emission during composting of animal wastes[J]. Bioscience Biotechnology & Biochemistry，2004，68(2)：286-292.

[120] 范志金，艾应伟，李建明，等. 控制畜禽粪氮素挥发的措施探讨[J]. 四川师范大学学报自然科学版，2000，23(5)：548-550.

[121] LEFCOURT A M，MEISINGER J J. Effect of adding alum or zeolite to dairy slurry on ammonia volatilization and chemical composition[J]. Journal of Dairy Science，2001，84(8)：1814-1821.

[122] 王敦球，曾全方，左华，等. 竹醋酸在猪粪堆肥中的保氮作用[J]. 桂林理工大学学报，2006，26(1)：37-40.

[123] 李吉进，郝晋珉，邹国元，等. 添加剂在猪粪堆肥过程中的作用研究[J]. 土壤通报，2004，35(4)：483-486.

[124] 叶素萍. 农牧业固体废弃物堆肥化处理过程中氮素损失调控技术的研究[D]. 北京：中国农业大学，2000.

[125] 杨宇，魏源送，刘俊新. 镁盐添加对猪粪堆肥过程中氮、磷养分保留的影响[J]. 环境科学，2008，29(9)：2672-2677.

[126] MOORE P A J，DANIEL T C，EDWARDS D R，et al. Reducing phosphorus runoff and inhibiting ammonia loss from poultry manure with aluminum sulfate[J]. Journal of Environmental Quality，2000，29(1)：37-49.

[127] 黄懿梅，曲东，李国学. 调理剂在鸡粪锯末堆肥中的保氮效果[J]. 环境科学，2003，24(2)：156-160.

[128] VAREL V H，NIENABER J A，FREETLY H C. Conservation of nitrogen in cattle feedlot waste with urease inhibitors[J]. Journal of Animal Science，1999，77(5)：1162-1168.

[129] 王卫平，朱凤香，钱红，等. 接种发酵菌剂和添加不同调理剂对猪粪发酵堆肥氮素变化的影响[J]. 浙江农业学报，2005，17(5)：276-279.

[130] TURAN N G. Nitrogen availability in composted poultry litter using natural amendments[J]. Waste Management & Research the Journal of the International Solid Wastes & Public Cleansing Association Iswa，2009，27(1)：19-24.

[131] 黄灿，李季. 添加剂在减少畜禽粪便污染中的应用与发展前景[J]. 农业环境科学学报，2006(S2)：787-791.

[132] SHI W，NORTON J M，MILLER B E，et al. Effects of aeration and moisture during windrow composting on the nitrogen fertilizer values of dairy waste composts[J]. Applied Soil Ecology，1999，11(1)：17-28.

[133] OGUNWANDE G A，OSUNADE J A，ADEKALU K O，et al. Nitrogen loss in chicken litter compost as affected by carbon to nitrogen ratio and turning frequency[J]. Bioresource Technology，2008，99(16)：7495-7503.

[134] NICHOLSON F A，CHAMBERS B J，WILLIAMS J R，et al. Heavy metal contents of livestock feeds and animal manures in England and Wales [J]. Bioresource Technology，1999，70(1)：23-31.

[135] SIMS J T，KLINE J S. Chemical fractionation and plant uptake of heavy metals in soils amended with co-composted sewage sludge[J]. Journal of Environmental Quality，1991，20(2)：387-395.

[136] CID B P，ALBORÉS A F，GÓMEZ E F，et al. Use of microwave single extractions for metal fractionation in sewage sludge samples[J]. Analytica Chimica Acta，2001，431(2)：209-218.

[137] ZHELJAZKOV V D, WARMAN P R. Phytoavailability and fractionation of copper, manganese, and zinc in soil following application of two composts to four crops[J]. Environmental Pollution, 2004, 131(2): 187-195.

[138] 杨国义, 李芳柏, 万洪富, 等. 猪粪混合堆肥过程中重金属含量的变化[J]. 生态环境学报, 2003, 12(4): 412-414.

[139] 梁丽, 赵秀兰. 污水厂污泥堆肥前后养分及重金属的变化[J]. 环境科学与管理, 2006, 31(1): 63-65.

[140] BRUMM M C. Sources of manure: Swine[M]//HATFIELD J L, STEWART B A. Animal waste utilization: effective use of manure as a soil resource. Michigan: Ann Arbor Press, 1998: 49-64.

[141] POULSEN H D. Zinc and copper as feed additives, growth factors or unwanted environmental factors[J]. Journal of Animal & Feed Sciences, 1998, 7: 135-142.

[142] 张夫道, 张俊清, 赵秉强, 等. 无公害农产品市场准入及相关对策[J]. 植物营养与肥料学报, 2002, 8(1): 3-7.

[143] 黄玉溢, 刘斌, 陈桂芬, 等. 规模化养殖场猪配合饲料和粪便中重金属含量研究[J]. 南方农业学报, 2007, 38(5): 544-546.

[144] 程海翔, 贾秀英, 朱维琴, 等. 杭州地区猪粪重金属含量及形态分布的初步研究[J]. 杭州师范大学学报: 自然科学版, 2008, 7(4): 294-297.

[145] 黄国锋, 张振钿, 钟流举, 等. 重金属在猪粪堆肥过程中的化学变化[J]. 中国环境科学, 2004, 24(1): 94-99.

[146] HSU J H, LO S L. Effect of composting on characterization and leaching of copper, manganese, and zinc from swine manure[J]. Environmental Pollution, 2001, 114(1): 119-27.

[147] ADRIANO D. Distribution and bioavailability of trace elements in livestock and poultry manure by-products[J]. Critical Reviews in Environmental Science and Technology, 2004, 34(3): 291-338.

[148] TIQUIA S M, TAM N F Y. Characterization and composting of poultry litter in forced-aeration piles[J]. Process Biochemistry, 2002, 37(8): 869-880.

[149]　PLANQUART P, BONIN G, PRONE A, et al. Distribution, movement and plant availability of trace metals in soils amended with sewage sludge composts: application to low metal loadings[J]. Science of the Total Environment, 1999, 241(1-3): 161-179.

[150]　郑国砥,陈同斌,高定,等. 好氧高温堆肥处理对猪粪中重金属形态的影响[J]. 中国环境科学, 2005, 25(1): 6-9.

[151]　张树清,张夫道,刘秀梅,等. 高温堆肥对畜禽粪中抗生素降解和重金属钝化的作用[J]. 中国农业科学, 2006, 39(2): 337-343.

[152]　WONG J W C, MA K K, FANG K M, et al. Utilization of a manure compost for organic farming in Hong Kong [J]. Bioresource Technology, 1999, 67(1): 43-46.

[153]　ROS M, PASCUAL J A, GARCIA C, et al. Hydrolase activities, microbial biomass and bacterial community in a soil after long-term amendment with different composts[J]. Soil Biology & Biochemistry, 2006, 38(12): 3443-3452.

[154]　李秀金. 固体废物工程[M]. 北京:中国环境科学出版社, 2003.

[155]　张克强. 畜禽养殖业污染物处理与处置[M]. 北京:化学工业出版社, 2004.

[156]　胡诚,曹志平,罗艳蕊,等. 长期施用生物有机肥对土壤肥力及微生物生物量碳的影响[J]. 中国生态农业学报, 2007, 15(3): 48-51.

[157]　吴增芳. 土壤结构改良剂[M]. 北京:科学出版社, 1976.

[158]　杨丽娟,李天来,刘妤,等. 长期施用有机肥和化肥对菜田土壤锌有效性的影响[J]. 土壤通报, 2005, 36(3): 395-397.

[159]　方兆登,徐富安. 有机物料对高产稻区土壤肥力影响的研究[J]. 科技通报, 1992(5): 309-312.

[160]　马艳,常志州,黄红英,等. 堆肥中蔬菜土传病害生防菌的筛选及评价[J]. 江苏农业学报, 2005, 21(3): 243-244.

[161]　MALAJCZUK N. Microbial antagonism to phtophthora [M] // ERWIN D C, BARTNIEKI G S, TSAO P H. Phytophthora: its biology, taxonomy, ecology and pathology. St Paul: American Pathological Society, 1983: 197-218.

[162]　盛下放,曹广祥,何琳燕,等. NMF 菌群腐熟牛粪对植物病害及土壤

微生物的影响[J]. 农业环境科学学报，2005，24(5)：874-876.

[163] 姚丽贤，李国良，党志，等. 施用鸡粪和猪粪对 2 种土壤 As、Cu 和 Zn 有效性的影响[J]. 环境科学，2008，29(9)：2592-2598.

[164] YAO L X, LI G L, DANG Z, et al. Arsenic uptake by two vegetables grown in two soils amended with as-bearing animal manures[J]. Journal of Hazardous Materials，2008，164(2-3)：904-910.

[165] 张发宝，徐培智，唐拴虎，等. 畜禽粪好氧堆肥产品的理化性质及生物效应[J]. 广东农业科学，2008(5)：54-57.

[166] ABDELHAMID M T, HORIUCHI T, OBA S. Composting of rice straw with oilseed rape cake and poultry manure and its effects on faba bean (Vicia faba L.) growth and soil properties[J]. Bioresource Technology，2004，93(2)：183-189.

[167] GIL M V, CARBALLO M T, CALVO L F. Fertilization of maize with compost from cattle manure supplemented with additional mineral nutrients[J]. Waste Management，2008，28(8)：1432-1440.

[168] NICHOLSON F A, SMITH S R, ALLOWAY B J, et al. An inventory of heavy metals inputs to agricultural soils in England and Wales[J]. Science of the Total Environment，2006，20(2)：87-95.

[169] WITHERS P J A, EDWARDS A C, FOY R H. Phosphorus cycling in UK agriculture and implications for phosphorus loss from soil[J]. Soil Use & Management，2001，17(3)：139-149.

[170] SHARPLEY A, MEISINGER J J, BREEUWSMA A, et al. Impacts of animal manure management on ground and surface water quality[J]. Animal Waste Utilization Effective Use of Manure as A Soil Resource，1998，173-242.

[171] KELLOGG R L, LANDER C H. Trends in the potential for nutrient loading from confined livestock operations[C] // The state of North Americas private land. USDA-NRCS, U. S. Government Printing Office, Washington D C, 1999.

[172] 刘勤，张斌，谢育平，等. 施用鸡粪稻田土壤氮磷养分淋洗特征研究[J]. 中国生态农业学报，2008，16(1)：91-95.

[173] 范建军，张华，谢震震. 堆肥在土壤生物修复和污染控制中的应

用[J]. 环境卫生工程，2005，13(3)：46-49.

[174] 陈寒松，刘丽娜，黄巧云，等. 堆肥修复土壤金属污染研究进展[J]. 应用与环境生物学报，2008，14(6)：898-904.

[175] 田旸，杨凤林，柳丽芬，等. 堆肥技术处理有机污染土壤的研究进展[J]. 环境污染治理技术与设备，2002，3(12)：31-37

[176] 周珊，陈斌，王佳莹，等. 改性竹炭对氨氮的吸附性能研究[J]. 浙江大学学报农业与生命科学版，2007，33(5)：584-590.

[177] LIANG B, LEHMANN J, SOLOMON D, et al. Black carbon increases cation exchange capacity in soil[J]. Soil Science Society of America Journal, 2006, 70(5): 1719-1730.

[178] 吴光前，张齐生，周培国，等. 固定化微生物竹炭对废水中主要污染物的降解效果[J]. 南京林业大学学报：自然科学版，2009，33(1)：20-24.

[179] 钟雪梅，朱义年，刘杰，等. 竹炭包膜氮肥的利用率比较[J]. 桂林理工大学学报，2006，26(3)：404-407.

[180] RONDON M A, MOLINA D, HURTADO M, et al. Enhancing the productivity of crops and grasses while reducing greenhouse gas emissions through bio-char amendments to unfertile tropical soils[J]. International Journal of Numerical Analysis & Modeling, 2006, 7(4).

[181] YANAI Y, TOYOTA K, OKAZAKI M. Effects of charcoal addition on N_2O emissions from soil resulting from rewetting air-dried soil in short-term laboratory experiments[J]. Soil Science and Plant Nutrition, 2007, 53(2): 181-188.

[182] LEHMANN J D, JOSEPH S. Biochar for Environmental Management: Science and Technology[J]. Earthscan, 2009, 25(1): 15801-15811.

[183] 傅秋华，张文标，钟泰林，等. 竹炭对土壤性质和高羊茅生长的影响[J]. 浙江农林大学学报，2004，21(2)：159-163.

[184] HOSHI T. A practical study on bamboo charcoal use to tea trees[R]. Japan: Tokyo University, 2001, 13: 1-47.

[185] 陈旭超，胡志彪，陈杰斌，等. 竹炭对铜(Ⅱ)离子的吸附性能研究[J].

龙岩学院学报，2007，25(6)：78-80.

[186] 王桂仙，张启伟. 竹炭对溶液中 Zn^{2+} 的吸附行为研究[J]. 生物质化学工程，2006，40(3)：17-20.

[187] 陈国青，周靖平，高琦，等. 超细竹炭对水中 Pb^{2+} 的吸附效果[J]. 解放军预防医学杂志，2006，24(6)：405-407.

[188] 徐亦钢，石利利. 竹炭对 2,4-二氯苯酚的吸附特性及影响因素研究[J]. 生态与农村环境学报，2002，18(1)：35-37.

[189] 张启伟，王桂仙. 竹炭对饮用水中氟离子的吸附条件研究[J]. 广东微量元素科学，2005，12(3)：63-66.

[190] 母军，于志明，吴文强，等. 竹醋液对蔬菜生长调节效果的初步研究[J]. 竹子研究汇刊，2006，25(4)：36-40.

[191] 王卫平，薛智勇，朱凤香，等. 竹醋液及其在农业中的应用[J]. 中国农业科技导报，2005，7(6)：53-55.

[192] 韦强. 竹醋液对黄瓜生长的影响及其应用技术的研究[D]. 北京：中国农业大学，2005.

[193] 单绪南，杜相革，杨光. 北京温室大棚有机黄瓜育苗及施肥效果研究[J]. 中国农学通报，2006，22(5)：297-301.

[194] 李小荣，吴全聪，刘志龙，等. 竹醋液对几种杀虫剂的增效作用[J]. 浙江农业科学，2005，1(2)：144-146.

[195] 胡春水，梁文斌，李建安. EM、竹醋在经济林无公害栽培中的应用研究[J]. 江西林业科技，2000(1)：4-6.

[196] MU J, UEHARA T, FURUNO T. Effect of bamboo vinegar on regulation of germination and radicle growth of seed plants[J]. Journal of Wood Science，2003，49(3)：262-270.

[197] 黄健屏，林亲雄，宋贤聚. 竹醋4种分馏物的抑菌试验[J]. 中南林学院学报，1999，19(3)：13-16.

[198] 全向春，韩力平. 生物强化技术及其在废水治理中的应用[J]. 环境科学研究，1999，12(3)：22-27.

[199] 孟范平，李桂芳. 竹醋对生活污水好氧处理的强化作用初步研究[J]. 青岛海洋大学学报，2003，33(6)：886-890.

[200] 王文桥，许晓梅，刘金朵，等. 竹醋液对几种植物病原真菌的抑制活性[J]. 植物病理学报，2005，35(6)：99-104.

[201] 许东风，周群燕，胡晓媛，等. 脱味竹醋液的制备及其抑菌性能研究[J]. 江西师范大学学报：自然版，2008，32(3)：289-291.

[202] 王文杰. 竹醋液促生长及对农药增效作用和防病效果的研究[D]. 合肥：安徽农业大学，2007.

[203] 丁文川，李宏，郝以琼，等. 污泥好氧堆肥主要微生物类群及其生态规律[J]. 重庆大学学报自然科学版，2002，25(6)：113-116.

[204] 袁月祥，廖银章，刘晓风，等. 有机垃圾发酵过程中的微生物研究[J]. 微生物学杂志，2002，22(1)：22-23.

[205] TUOMELA M，VIKMAN M，HATAKKA A，et al. Biodegradation of lignin in a compost environment：a review[J]. Bioresource Technology，2000，72(2)：169-183.

[206] MUYZER G，WAAL E C D，UITTERLINDEN A G. Profiling of complex microbial populations by denaturing gradient gel electrophoresis analysis of polymerase chain reaction-amplified genes coding for 16S rRNA[J]. Applied & Environmental Microbiology，1993，59(3)：695-700.

[207] AMANN R I，LUDWIG W，SCHLEIFER K H. Phylogenetic identification and in situ detection of individual microbial cells without cultivation[J]. Microbiological Reviews，1995，59(1)：143-169.

[208] NAKATSU C H，TORSVIK V. Soil community analysis using DGGE of 16S rDNA polymerase chain reaction products[J]. Soil Science Society of America Journal，2000，64(4)：1382-1388.

[209] HUANG G F，WONG J W C，WU Q T，et al. Effect of C/N on composting of pig manure with sawdust[J]. Waste Management，2004，24(8)：805-813.

[210] ZUCCONI F，PERA A，FORTE M，et al. Evaluating toxicity of immature compost[J]. Biocycle，1981，22(2)：54-57.

[211] 倪梅娣. 猪粪好氧堆肥过程中氧气浓度变化规律的研究[D]. 杭州：浙江大学，2006.

[212] HAMADA Y，TERAOKA F，MATSUMOTO T，et al. Effects of far infrared ray on Hela cells and WI-38 cells[J]. International Congress，2003，1255：339-341.

[213] 徐灵,王成端,姚岚. 污泥堆肥过程中主要性质及氮素转变[J]. 生态环境,2008,17(2):602-605.

[214] 杨延梅,席北斗,刘鸿亮,等. 餐厨垃圾堆肥理化特性变化规律研究[J]. 环境科学研究,2007,20(2):72-77.

[215] 李艳霞,王敏健. 有机固体废弃物堆肥的腐熟度参数及指标[J]. 环境科学,1999,20(2):98-103.

[216] ZHANG Y,HE Y. Co-composting solid swine manure with pine sawdust as organic substrate[J]. Bioresource Technology,2006,97(16):2024-2031.

[217] 鲍士旦. 土壤农化分析[M]. 3版. 北京:中国农业出版社,2000.

[218] ZACKRISSON O,NILSSON M C,WARDLE D A. Key ecological function of charcoal from wildfire in the boreal forest[J]. Oikos,1996,77(1):10-19.

[219] PIETIKÄINEN J,KIIKKILÄ O,FRITZE H. Charcoal as a habitat for microbes and its effect on the microbial community of the underlying humus[J]. Oikos,2000,89(2):231-242.

[220] STEINER C,TEIXEIRA W G,LEHMANN J,et al. Microbial response to charcoal amendments of highly weathered soils and Amazonian Dark Earths in central Amazonia:Preliminary results[J]. Amazonian Dark Earths Explorations in Space & Time,2004:195-212.

[221] YANG Y J,DUNGAN R S,IBEKWE A M,et al. Effect of organic mulches on soil bacterial communities one year after application[J]. Biology and Fertility of Soils,2003,38(5):273-281.

[222] 黄向东,韩志英,石德智,等. 畜禽粪便堆肥过程中氮素的损失与控制[J]. 应用生态学报,2010,21(1):247-254.

[223] 李国学,张福锁. 固体废物堆肥化与有机复混肥生产[M]. 北京:化学工业出版社,2000.

[224] MIZUTA K,MATSUMOTO T,HATATE Y,et al. Removal of nitrate-nitrogen from drinking water using bamboo powder charcoal[J]. Bioresource Technology,2005,95(3):255-257.

[225] ASADA T,OHKUBO T,KAWATA K,et al. Ammonia adsorption

on bamboo charcoal with acid treatment[J]. Journal of Health Science, 2006, 52(5): 585-589.

[226] 王伟龙, 张文标, 钟泰林, 等. 竹炭对草本花卉生长的影响[J]. 世界竹藤通讯, 2005, 3(1): 24-26.

[227] 鲁如坤. 土壤农业化学分析方法[M]. 北京: 中国农业科技出版社, 2000.

[228] TIQUIA S M, TAM N F. Fate of nitrogen during composting of chicken litter[J]. Environmental Pollution, 2000, 110(3): 535-541.

[229] PAREDES C, ROIG A, BERNAL M P, et al. Evolution of organic matter and nitrogen during co-composting of olive mill wastewater with solid organic wastes[J]. Biology and Fertility of Soils, 2000, 32(3): 222-227.

[230] 杨延梅, 张相锋, 杨志峰, 等. 厨余好氧堆肥中的氮素转化与氮素损失研究[J]. 环境科学与技术, 2006, 29(12): 54-56.

[231] MAHIMAIRAJA S, BOLAN N S, HEDLEY M J, et al. Losses and transformation of nitrogen during composting of poultry manure with different amendments: an incubation experiment[J]. Bioresource Technology, 1994, 47(3): 265-273.

[232] SÁNCHEZ-MONEDERO M A, ROIG A, PAREDES C, et al. Nitrogen transformation during organic waste composting by the Rutgers system and its effects on pH, EC and maturity of the composting mixtures[J]. Bioresource Technology, 2001, 78(3): 301-308.

[233] 袁守军, 牟艳艳, 郑正, 等. 城市污水厂污泥高温好氧堆肥氮素转变行为研究[J]. 环境工程学报, 2004, 5(10): 47-50.

[234] INOKO A, MIYAMATSU K, SUGAHARA K, et al. On some organic constituents of city refuse composts produced in Japan[J]. Soil Science and Plant Nutrition, 1979, 25(2): 225-234.

[235] BISHOP P L, GODFREY C. Nitrogen transformations during sludge composting[J]. Biocycle, 1983, 24(4): 34-39.

[236] 贺亮, 赵秀兰, 李承碑. 不同填料对城市污泥堆肥过程中氮素转化的影响[J]. 西南师范大学学报自然科学版, 2007, 32(2): 54-58.

[237] 蒋新龙. 竹醋液灭菌效果的研究试验[J]. 竹子研究汇刊, 2005, 24(1): 50-53.

[238] MU J, UEHARA T, FURUNO T. Effect of bamboo vinegar on regulation of germination and radicle growth of seed plants II: composition of moso bamboo vinegar at different collection temperature and its effects[J]. Journal of Wood Science, 2004, 50(5): 470-476.

[239] 陆文龙, 曹一平, 张福锁. 低分子量有机酸对不同磷酸盐的活化作用[J]. 华北农学报, 2001, 16(1): 99-104.

[240] 关升宇. 牛粪发酵过程中的氮磷转化[D]. 哈尔滨: 东北农业大学, 2006.

[241] 季俊杰, 葛丽英, 陈娟, 等. 氧化塘底泥与稻草堆肥过程中养分变化研究[J]. 环境科学导刊, 2007, 26(1): 11-13.

[242] FANG M, WONG J W C. Effects of lime amendment on availability of heavy metals and maturation in sewage sludge composting[J]. Environment Pollution, 1999, 106, 83-89.

[243] WONG J W C, FANG M, LI G X, et al. Feasibility of using coal ash residues as co-composting materials for sewage sludge[J]. Environment Technology, 1997, 18, 563-568.

[244] SCANCAR J, MILACIC R, STRAZAR M, et al. Total metal concentrations and partitioning of Cd, Cr, Cu, Fe, Ni and Zn in sewage sludge[J]. Science of the Total Environment, 2000, 250(1-3): 9-19.

[245] LINDSAY W L, NORVELL W A. Development of a DTPA soil test for zinc, iron, manganese, and copper[J]. Soil Science Society of America Journal, 1978, 42(3): 421-428.

[246] 赵秋, 孙毅, 吴迪, 等. 猪粪堆制过程中铅、镉、铜、锌的变化[J]. 黑龙江农业科学, 2007(5): 50-52.

[247] 吴国英, 贾秀英. 猪粪重金属对蚯蚓体重及纤维素酶活性的影响[J]. 农业环境科学学报, 2006, 25(S1): 219-221.

[248] 贾秀英, 李喜梅, 杨亚琴, 等. Cu Cr(Ⅵ)复合污染对蚯蚓急性毒性效应的研究[J]. 农业环境科学学报, 2005, 24(1): 31-34.

[249] 贾秀英, 罗安程, 李喜梅. 高铜、高锌猪粪对蚯蚓的急性毒性效应研究[J]. 应用生态学报, 2005, 16(8): 1527-1530.

[250] 王平,何欣,周拴榜. 高铜、高锌日粮中铜、锌、铁最适添加量的探讨[J]. 北京农学院学报,2001,16(2):50-54.

[251] FANG M, WONG J W C, MA K K, et al. Co-composting of sewage sludge and coal fly ash: nutrient transformations[J]. Bioresource Technology, 1999, 67(1): 19-24.

[252] 吴国英,贾秀英,郭丹,等. 蚯蚓对猪粪重金属 Cu、Zn 的吸收及影响因素研究[J]. 农业环境科学学报,2009,28(6):1293-1297.

[253] 王丹丹. 蚯蚓及蚓粪对植物修复 Cu、Zn 污染土壤的影响[D]. 南京:南京农业大学,2006.

[254] 崔建宇,慕康国,胡林,等. 北京地区草皮卷生产对土壤质量影响的研究[J]. 草业科学,2003,20(6):68-72.

[255] HERRERA F, CASTILLO J E, LÓPEZBELLIDO R J, et al. Replacement of a peat-lite medium with municipal solid waste compost for growing melon (*Cucumis melo L.*) transplant seedlings[J]. Compost Science & Utilization, 2009, 17(1): 31-39.

[256] 张志良,瞿伟菁,李小方. 植物生理学实验指导[M]. 北京:高等教育出版社,2009.

[257] CORWIN D L, LESCH S M. Application of soil electrical conductivity to precision agriculture: Theory, principles, and guidelines[C]// Symposium on Use of Soil Electrical Conductivity in Precision. 2003: 455-471.

[258] KINGERY W L, WOOD C W, DELANEY D P, et al. Impact of long-term application of broiler litter on environmentally related soil properties[J]. Journal of Environmental Quality, 1994, 23(1): 139-147.

[259] KRUPA Z, BASZYŃSKI T. Some aspects of heavy metals toxicity towards photosynthetic apparatus - direct and indirect effects on light and dark reactions[J]. Acta Physiologiae Plantarum, 1995, 17(2): 177-190.

[260] 刘明美,沈益新. Cu^{2+} 胁迫对多花黑麦草生长及饲草品质的影响[J]. 中国畜牧兽医文摘,2005,27(3):39-44.

［261］ 徐卫红，熊治庭，李文一，等. 4 品种黑麦草对重金属 Zn 的耐性及 Zn
积累研究［J］. 西南大学学报：自然科学版，2005，27(6)：785-790.

［262］ 温丽，傅大放. 两种强化措施辅助黑麦草修复重金属污染土壤［J］. 中
国环境科学，2008，28(9)：786-790.

［263］ KOMILIS D P，TZIOUVARAS I S. A statistical analysis to assess
the maturity and stability of six composts［J］. Waste Management，
2009，29(5)：1504-1513.